Qual é a nossa crise?

Qual é a nossa crise?

Reflexões sobre ÉTICA e CORRUPÇÃO

ALTA BOOKS
E D I T O R A
Rio de Janeiro, 2021

Qual é a Nossa Crise?

Copyright © 2021 da Starlin Alta Editora e Consultoria Eireli.
ISBN: 978-65-5520-465-0

Todos os direitos estão reservados e protegidos por Lei. Nenhuma parte deste livro, sem autorização prévia por escrito da editora, poderá ser reproduzida ou transmitida. A violação dos Direitos Autorais é crime estabelecido na Lei nº 9.610/98 e com punição de acordo com o artigo 184 do Código Penal.

A editora não se responsabiliza pelo conteúdo da obra, formulada exclusivamente pelo(s) autor(es).

Marcas Registradas: Todos os termos mencionados e reconhecidos como Marca Registrada e/ou Comercial são de responsabilidade de seus proprietários. A editora informa não estar associada a nenhum produto e/ou fornecedor apresentado no livro.

Impresso no Brasil — 1ª Edição, 2021 — Edição revisada conforme o Acordo Ortográfico da Língua Portuguesa de 2009.

Erratas e arquivos de apoio: No site da editora relatamos, com a devida correção, qualquer erro encontrado em nossos livros, bem como disponibilizamos arquivos de apoio se aplicáveis à obra em questão.

Acesse o site www.altabooks.com.br e procure pelo título do livro desejado para ter acesso às erratas, aos arquivos de apoio e/ou a outros conteúdos aplicáveis à obra.

Suporte Técnico: A obra é comercializada na forma em que está, sem direito a suporte técnico ou orientação pessoal/exclusiva ao leitor.

A editora não se responsabiliza pela manutenção, atualização e idioma dos sites referidos pelos autores nesta obra.

Produção Editorial
Editora Alta Books

Gerência Comercial
Daniele Fonseca

Editor de Aquisição
José Rugeri
acquisition@altabooks.com.br

Produtores Editoriais
Illysabelle Trajano
Maria de Lourdes Borges
Thales Silva
Thiê Alves

Marketing Editorial
Livia Carvalho
Gabriela Carvalho
Thiago Brito
marketing@altabooks.com.br

Equipe de Design
Larissa Lima
Marcelli Ferreira
Paulo Gomes

Diretor Editorial
Anderson Vieira

Coordenação Financeira
Solange Souza

Produtor da Obra
Luana Goulart

Equipe Ass. Editorial
Brenda Rodrigues
Caroline David
Luana Rodrigues
Mariana Portugal
Raquel Porto

Equipe Comercial
Adriana Baricelli
Daiana Costa
Fillipe Amorim
Kaique Luiz
Victor Hugo Morais
Viviane Paiva

Atuaram na edição desta obra:

Revisão Gramatical
Samuri Prezzi
Aline Vieira

Diagramação
Catia Soderi

Capa
Paulo Gomes

Ouvidoria: ouvidoria@altabooks.com.br

Editora afiliada à:

Dados Internacionais de Catalogação na Publicação (CIP) de acordo com ISBD

P324q   Paula, Carlos Alexandre de

Qual é a Nossa Crise? Reflexões sobre ética e corrupção / Carlos Alexandre de Paula. - Rio de Janeiro, RJ : Alta Books, 2021.
160 p. ; 16cm x 23cm.

Inclui bibliografia e índice.
ISBN: 978-65-5520-465-0

1. Ética. 2. Corrupção. I. Título.

2021-2565   CDD 170
                                                                CDU 57

Elaborado por Vagner Rodolfo da Silva - CRB-8/9410

Rua Viúva Cláudio, 291 — Bairro Industrial do Jacaré
CEP: 20.970-031 — Rio de Janeiro (RJ)
Tels.: (21) 3278-8069 / 3278-8419
www.altabooks.com.br — altabooks@altabooks.com.br

SOBRE O AUTOR

Carlos Alexandre de Paula é escritor, empreendedor digital, bacharel em Administração de empresas e professor de EAD. Dedica seus livros e cursos no desenvolvimento das habilidades humanas para uma vida mais plena e harmoniosa. Possui alunos em mais de 70 países ao redor do mundo. Autor best-seller da Amazon em cinco categorias.

"Um mundo melhor é formado por pessoas melhores, e para criar este mundo cada um é responsável por sua contínua melhoria"

Acompanhe nas redes sociais:

https://www.instagram.com/carlos.alexandre.paula/

https://www.linkedin.com/in/escritor-carlos-de-paula/

DEDICATÓRIA

Dedico este livro a cada brasileiro que busca dar seu melhor a cada dia, construindo um país mais bem guiado pela luz da ética. Este livro foi escrito para você.

AGRADECIMENTOS DO AUTOR

Agradeço à minha mãe pela dedicação ao longo dos anos. À minha esposa, Renata, pelo apoio à obra. Ao professor Paulo pelas aulas de filosofia. E não menos importante, a cada um que passou pela minha vida ensinando que a ética é um valor para ser vivido.

"Esta investigação diz respeito ao que há de mais importante: viver para o bem, ou viver para o mal."

SÓCRATES PARA GLAUCO EM *A REPÚBLICA*

SUMÁRIO

Sobre o autor 5
Dedicatória 6
Agradecimentos do autor 7
Introdução 11

PARTE 1

ÉTICA, INDIVÍDUO E RELACIONAMENTOS

1. Ética — indivíduo, empresa, sociedade 14
2. O poder do círculo de influência 21
3. Vivendo dentro de bolhas 24
4. As fake news 28
5. Relacionamentos de confiança 32
6. Pais e filhos 38
7. Ser ético é ser livre 41
8. O poder da escolha 46
9. A liberdade 49
10. Todo mundo faz 51

PARTE 2

ÉTICA E ECONOMIA

11. O dinheiro do mundo 54
12. Fim da fome 58
13. Guerras e a expansão econômica 62

PARTE 3

ÉTICA E MEIO AMBIENTE

14. A exploração do meio ambiente 66
15. O futuro 70

PARTE 4

ÉTICA E POLÍTICA

16. Menos corrupção institucionalizada 74
17. Ordem ética e política 80

18. Reflexo	83
19. Motorista e policial	86
20. Rouba, mas faz	88
21. Formação para ser político	90
22. Queremos ser enganados?	94
23. Passividade, agressividade, assertividade	98

PARTE 5
ÉTICA E RELIGIÃO

24. Ética – O cerne de todas as religiões	102
25. A desunião	105
26. Os intolerantes	109

PARTE 6
PRINCÍPIOS ÉTICOS AO FALAR SOBRE CIÊNCIA E SAÚDE

27. O mal do discurso da anticiência	114
28. A difusão da pseudociência e o mal causado por ela em nossa sociedade	118
29. Covid-19 e ética	125

PARTE 7
ÉTICA NO AMBIENTE EMPRESARIAL

30. Organizações mais saudáveis	130
31. O que é bom para a colmeia é bom para a abelha	136
32. Empresa e funcionário	139
33. Cultura social e cultura organizacional	142
34. Jeitinho	146

PARTE FINAL
POR UM MUNDO MELHOR

35. A regra dos dois dedos	150
36. Uma gota no oceano	152
Bibliografia	153
Índice	157

INTRODUÇÃO

Nas próximas páginas, vamos tratar do comportamento mais importante para a construção de uma sociedade humana. Ao longo de milhares de anos, a espécie humana abandonou um modo de vida nômade para formar grupos com cada vez mais indivíduos.

A agricultura permitiu essa passagem do modo nômade para uma vida estabelecida em um único local. Nossos ancestrais, então, passaram a não precisar caminhar por dias atrás de alimentos, não era necessário sair para coletar frutas ou caçar animais. Essa mudança no modo de vida fez com que tivéssemos mais tempo livre para desenvolver nossa cultura.

Começaram, a partir daí, a se formar os pilares da política, das artes e religiões. Estas três formas, e posteriormente o pensamento filosófico e científico, propunham formas de vida e comportamentos necessários para que o desenvolvimento de uma civilização fosse possível.

Milhares de anos após o primeiro trigo ser plantado de forma acidental, somos hoje uma comunidade global. Deixamos de ser pequenos grupos que se reuniam em volta de fogueiras e contar histórias para mais de 7,7 bilhões de indivíduos que extraem recursos da natureza para suas necessidades de sobrevivência e conforto.

Arte, política, religião e ciência continuam a propor alternativas para resolvermos nossas crises, continuam a propor comportamentos para melhor nos relacionarmos, e para estabelecer um futuro sustentável para a espécie humana e as demais espécies que dependem dos mesmos recursos que nós.

Com o crescimento acelerado da população humana no último século, nossos problemas também cresceram consideravelmente. A humanidade chegou ao ponto de ameaçar sua própria existência no planeta.

Quando olhamos para a economia, além de ciclos frequentes e alternados de crescimento econômico e recessão econômica, vemos milhões de pessoas passando fome todos os dias, e um percentual ínfimo da população possui um patrimônio superior à riqueza produzida por alguns países durante um ano.

No meio ambiente, temos entre outros problemas, a poluição do ar e da água, a mudança climática e o desmatamento. Todas são questões urgentes a serem solucionadas para possibilitar um futuro para a humanidade.

A religião propõe formas para lidarmos com problemas do cotidiano e ajudar a criar um futuro, mas, em meio a tantos discursos, muitos dos que são propagados se afastaram completamente do sentido religioso.

Na política, governantes não governam para o povo, são simulacros de políticos, pessoas que estão ali apenas para defender os próprios interesses ou interesses econômicos de algumas corporações.

E, ao centro de tudo, estamos nós. Como indivíduos, direta ou indiretamente, todo impacto positivo e negativo do mundo passa por nós. Elegemos os políticos, escolhemos as empresas das quais vamos comprar, transmitimos nossas crenças para as gerações futuras.

A chave de todas as transformações sociais, não apenas as necessárias, mas aquelas que são obrigatórias para que um futuro possa existir, está no indivíduo. Para que o presente e o futuro sejam construídos a partir do ponto crítico que estamos hoje, é urgente que empresas, políticos, artistas, religiosos e cada indivíduo passe a se comprometer com uma transformação ética na sociedade que vivemos.

Esse manual começa pelo indivíduo e passa em cada uma das grandes áreas que envolvem uma civilização: ciência, religião, economia, empresarial e política. A proposta contida nestas páginas é identificar posturas que temos e que podem ser melhoradas, formas de comportamentos que podemos considerar como normais, afinal, são anos de uma tradição cultural que repetimos.

Muitas destas tendências culturais podem não ser fáceis de mudar, porém, é urgente que o sejam. A repetição de costumes sociais, alguns criados há milhares de anos, precisa ser revisitada e melhorada nos tempos atuais.

A obrigação de fazer isso é de cada indivíduo e de cada instituição humana através dos seus membros. Use este livro como uma ferramenta para avaliar e refletir em pontos que podem ser melhorados em sua relação ética dentro dos relacionamentos, do trabalho e em sociedade.

Use como uma forma de compreender melhor e assim conviver melhor com outros seres humanos. Não é possível tratar de ética se não há convivência humana. E é por isso este livro foi escrito.

Apesar da evolução tecnológica e social ao longo dos anos, continuamos, muitas vezes, com posturas de convivência primitiva. Devemos moldar tanto nosso comportamento ético na convivência humana como também ajudar, a partir de nossa ação ética, os outros a compreenderem o mundo e interagirem de uma maneira mais ética com a sociedade e o meio ambiente.

PARTE 1

ÉTICA, INDIVÍDUO E RELACIONAMENTOS

"Age como se a máxima da tua ação fosse para ser transformada, através da tua vontade, em uma lei universal da natureza."

IMMANUEL KANT

1
ÉTICA
— INDIVÍDUO, EMPRESA, SOCIEDADE

José aguardava na fila do banco quando ouve, de duas pessoas atrás, a afirmação: "A culpa é do governo." A espera já se aproximava dos quinze minutos prometidos como tempo máximo para aguardar em uma fila. À frente de José, uma pessoa para cada mês do ano ainda aguardava ser chamada. José percebe que vai ficar parado ali por mais um quarto de hora, mas nossa sociedade não foi ensinada a esperar.

Ele já conferiu o celular para ver se havia chegado um novo e-mail ou alguma mensagem instantânea. Já olhou a rede social, viu as horas no telefone pelo menos duas vezes, tudo em menos de quinze minutos, e nada parece ajudar a enfrentar a maçante e interminável espera na fila. Sem um ponto útil para direcionar o pensamento, José pega a primeira mensagem transmitida, seja verbalizada ou escrita em alguma mídia. Ela está flutuando no ar, chamando, cochichando ao ouvido: "A culpa é do governo." Como um peixe, José morde a isca e começa a cavalgar em pensamentos incontroláveis, que o levam aonde eles querem, não aonde ele tem possessão de si mesmo para analisar de modo racional tudo o que foi falado e escrito.

Então, José se recorda de todos os problemas que ele consegue para culpar o governo. Parte da escala do macro para o micro: impostos, saúde, educação e segurança. Pensa em termos de Brasil e sente o sangue esquentar, as emoções ficarem à flor da pele, com as imagens dos mortos nas filas dos hospitais, de mais uma família vítima da violência urbana. E pensa que poderia ser a família dele.

Pensa na esposa e nas duas filhas menores. Ele quer uma boa educação para elas e acredita que a escola não está cumprindo o papel devidamente, tudo culpa do prefeito. Mas José tem uma situação econômica superior a mais de 80% dos brasileiros — não que isso signifique muito dinheiro, significa apenas mais um reflexo da nossa má distribuição de renda. Mesmo assim, nas contas mentais que José faz enquanto aguarda na fila do banco, percebe que, se tirar um pouco aqui e apertar um pouco os gastos ali, se a esposa gastar menos no cabeleireiro, ele pode tirar as filhas da escola municipal e levar para uma particular. "Isso se a economia melhorar e a empresa continuar vendendo", alerta um pensamento.

Então, José pega outro pensamento e começa a cavalgar naquela direção: "porque a culpa é a diretoria", "meu chefe é incompetente", "a área comercial não vende nada", "o pessoal é muito lento". Em breves minutos de reflexão na fila do banco, José vai encontrando os culpados pelos problemas: a culpa é do governo, a culpa é dos professores, a culpa é da esposa, a culpa é do chefe, a culpa é das estrelas. Ao final, José se mostra um juiz implacável, condenaria a todos sem lhes dar o direito a um *habeas corpus*. Ao terminar suas conclusões, José sente raiva, com batimentos cardíacos acelerados. Pensa que, se ele pudesse, faria algo, mas não é um político, e nem se interessa em ser um, porque existe corrupção nesse meio, então ele não pode fazer nada.

Na fila, o último à frente de José é chamado. Dá uma olhada de soslaio para conferir o final da fila. Parece que nunca diminui, enquanto a fila dedicada a pessoas acima de 60 anos só tem duas pessoas. "Da próxima vez, trago minha mãe para pagar a conta", pensou José, antes de sua senha ser chamada no balcão.

José é brasileiro, casado, pai de duas filhas, trabalhador sob o regime da CLT. Apesar de o oftalmologista de José evidenciar que sua visão está em plenas condições e que ele não precisa usar nenhum tipo de lente corretiva, observando o dia a dia de José poderemos verificar que ele sofre de um problema de hipermetropia, ou seja, tem dificuldade para enxergar o que está perto.

Ao sair da agência bancária, José comprou uma barra de chocolate, que comeu enquanto caminhava pela rua. Jogou a embalagem na calçada, pois havia alguém responsável pela limpeza pública. O seu horário de almoço já havia passado, mas a culpa disso era a demora na fila do banco, então ele decidiu tirar mais vinte minutos de almoço para comprar um presentinho para a simpática funcionária nova do terceiro andar que fazia aniversário. Na semana anterior, José se esquecera do aniversário de casamento, "mas homens são ruins para lembrar datas", explicou à esposa. José era bom nas justificativas, e se o atraso ao retorno do horário do almoço fosse contestado, ele saberia de quem seria a culpa: da fila do banco.

Quando retornou para casa naquele mesmo dia, José furou dois semáforos no vermelho e fez um retorno proibido para entrar em uma conveniência e comprar um maço de cigarros. Em casa, beijou a mulher e informou à filha que estava cansado e ela deveria pedir ajuda na lição de casa para a mãe. Tomou um prolongado banho e sentou-se no sofá, em frente à TV, em um estado parecido com o coma, e se dedicou a ver as piores notícias e enumerar os culpados por aquela situação.

Talvez, por não conhecer o dia a dia de José, seu oftalmologista não tenha conseguido identificar seu problema de hipermetropia. Você, leitor destas linhas, tem vantagem sobre os anos de estudos do médico de José, você consegue identificar que ele sofre de uma grave dificuldade para enxergar as coisas de perto. Ele é capaz de ver problemas de segurança do país em que vive, mas não é capaz de ver atos irresponsáveis que toma no trânsito que envolvem a própria segurança e a dos outros. Ele é capaz de ver problemas no sistema de saúde, mas não de cuidar da própria saúde. José esbraveja com o descaso na educação, mas não apoia a própria filha nos estudos. Afirma que não seria um político por causa da corrupção dos governos, mas quem e o que, afinal, gera a corrupção para as instituições?

Podemos culpar um sistema pelos homens que o administram? Podemos culpar um clube de futebol pelos seus torcedores? Podemos culpar toda uma organização por seus administradores? Qual é a nossa responsabilidade em cada um dos círculos de influência em que convivemos?

Como disse Gandhi: "Seja a mudança que você quer ver no mundo." Todos desejam um mundo melhor, um país com menos corrupção, uma cidade com mais qualidade de vida. Todos querem bons governantes, bons colegas profissionais, um bom cônjuge e bons filhos. Todos desejam o melhor para si, mas como respondemos à pergunta "Eu dou meu melhor todos os dias?"

Quais atos me dignificam para viver em um país livre da corrupção? Os locais que frequentamos são nosso círculo de influência: trabalho, escola, família, clube etc. Destes locais, por onde devo começar a agir?

Temos olhos de auditor para enxergar os problemas alheios, apontamos os defeitos de conduta das pessoas, sejam elas amigos de longa data ou pessoas que conhecemos há pouco tempo. E, crentes de que temos as soluções para os problemas alheios, quando por vezes nem os nossos resolvemos, damos opiniões de como as pessoas devem se comportar, pensar, sentir e agir. Queremos que o mundo mude, porque nós não queremos mudar.

Mudar gera um desconforto psicológico e físico, exige de nós tolerância, compreensão, entendimento e respeito. Mudar exige a força da ação que gera um movimento que parte de um ponto a outro. O que fica inerte sofre apenas a ação do tempo, até que deixe de existir naquela forma. O que fica inerte muda pela ação do tempo. Sem a influência ativa, o inerte não escolhe que caminho tomar, o que se movimenta muda por sua própria vontade e ação, sabe onde está e para onde vai.

Toda evolução busca um movimento, e assim é com a humanidade. Todo movimento deve ser ordenado e constante, saber de onde se partiu e em qual direção segue. Sem isso, não se chega a lugar nenhum ou, pelo menos, a nenhum lugar válido. Em meio a nossas dores físicas e psicológicas, queremos mudanças. Em todas as partes do mundo, pessoas clamam por mudanças: Europa, Oriente Médio, Américas. O grito na garganta é o mesmo: um país melhor e um mundo mais justo. Um lugar que proporcione comida a quem não tem o que comer, saúde àqueles que sofrem de doenças, segurança para ir e vir, um mundo com pessoas em quem se possa confiar.

E por que, em meio a tantos interesses genuínos, continuamos a falhar? A fome no mundo aumenta, a degradação ambiental se agrava, criminalidade e guerras se espalham mundo afora e os relacionamentos tornam-se cada vez mais fracos e tênues. O que fizemos de errado e o que precisamos mudar para garantir que nossos erros não continuem a aumentar?

Esperamos uma mudança externa, que acreditamos que vá ocorrer de alguma das duas formas:

1. O ambiente externo onde nos encontramos, círculo de influência, vai mudar sem nossa ação.
2. Vou pressionar o ambiente externo, círculo de influência, para que ele mude como mais me agrada.

Acreditar na primeira hipótese é acreditar na fantasia de que existe mudança do lado de fora sem que façamos nada. Essa é a fácil escolha do conforto, em que queremos que o mundo à nossa volta mude, mas não queremos nos mover para mudar algo. Ser ativo no mundo gera a responsabilidade pelas nossas ações, e preferimos que alguém faça a nossa parte, queremos continuar vendo nossa série de TV favorita ou o jogo de futebol, enquanto os professores cuidam da educação de nossos filhos e os governantes decidem o que é melhor para onde vivemos. Trocamos o direito de ter voz ativa e participativa pelo direito de reclamar de que as coisas nunca mudam.

A segunda hipótese de nosso raciocínio nos leva a um pensamento separatista. Consideramos nossos interesses dentro de nosso círculo de influência, esquecemos que as pessoas que estão dentro de nosso círculo de influência também possuem seus interesses. Queremos, a marteladas, mudar as coisas externas, por vezes com ações que caracterizam fanatismo em vez de lucidez e, em vez de gerar um sentimento de união, geramos a noção de feudos, onde cada um vive à sua maneira.

Ao perceber que as mudanças não ocorrem externamente como esperamos, tendemos a diminuir nosso círculo de influência, estar com pessoas que pensem da mesma forma que nós, criando um mundo que nos é confortável. Essa situação gera a falsa sensação de segurança, em que fechamos nossos olhos para o que acontece do outro lado da rua. Essa fuga para lugares onde nos sentimos seguros também não é a solução para gerar um movimento de melhora social. Essa fuga é mais um reflexo de nossa falta de vontade em combater ativamente as injustiças.

Mudanças não são feitas do dia para a noite, são reflexos de um trabalho realizado de forma paciente e constante. Mudanças positivas advêm de um trabalho diário, e ações isoladas tendem a gerar resultados isolados e, na maioria das vezes, de curta duração. Então, por onde devemos começar a agir dentro do nosso círculo de influência para gerar uma mudança duradoura?

Só existe um lugar em nosso círculo de influência onde podemos implementar uma mudança: nós mesmos. Esse é o lugar por onde devemos começar. Se o Estado fosse um instrumento musical, cada cidadão seria uma corda desse instrumento. Uma corda solta no instrumento não vai produzir som. Uma corda desafinada vai produzir desarmonia. Como cidadãos, precisamos nos "afinar" para produzir boas notas, harmônicas, que possam ser ouvidas por outros. Assim como uma criança se espelha e aprende com o exemplo dos pais, qualquer mudança que buscamos fora, temos o dever de representar através de nosso exemplo.

Como se luta contra a corrupção de um Estado se não combatemos ainda a corrupção em nós mesmos? Como buscar uma boa educação se desprezamos o ato de educarmos a nós mesmos para sermos melhores? Como combater as injustiças sociais se somos injustos em atos e omissões todos os dias?

Olhar para fora e ver com descrença que as coisas podem mudar, usar a expressão de que não há esperança na melhora, tudo isso é mais fácil do que olhar onde a mudança pode acontecer — em nós — e então começar o trabalho. Não podemos viver como o José desta história, que reclama dos problemas externos, mas, em vez de ser um importante agente de mudança social, corrompe mais seu círculo de influência com atitudes antiéticas.

O dever em gerar uma melhoria é de todos, porém, temos que ser justos e saber que nem todos conseguem enxergar um problema social. Para muitos, a situação está normal, e aqueles que veem que as coisas não estão bem, têm maior responsabilidade e compromisso para fazer algo pelo coletivo. E esse algo que cada um pode fazer é corrigir primeiramente suas próprias ações, combater os desvios de conduta que comete e assim mostrar aos demais que é possível se melhorar. A partir da afinação da própria conduta, vamos gerar notas mais harmônicas e outros irão se juntar à mesma música que tocamos.

> A principal crise que vivemos no Brasil não é econômica, é ética.

Somente a partir dessa correção ética é que vamos evitar que os problemas que vivemos hoje voltem a se repetir nos próximos anos. A situação que se apresenta hoje tem apenas uma vestimenta diferente das que já aconteceram no passado. Não adianta pintar a cara se somos "caras de pau" no dia a dia. Olhemos o passado para corrigir no presente e gerar um futuro melhor, um futuro que começa pelo trabalho individual.

2
O PODER
DO CÍRCULO DE INFLUÊNCIA

Você já parou para refletir sobre o quanto de impacto suas ações geram no mundo? Como você influencia pessoas e organizações? Como essa influência pode gerar um impacto positivo ou negativo a milhares ou milhões de pessoas?

Se nesse momento você se pegar pensando, "Carlos, meu impacto no mundo é pequeno, sou uma pessoa com um grupo de amigos pequeno, e minha família também não é grande. Isso de impactar milhares de pessoas não é para mim, é coisa para YouTuber". Quero te mostrar que você pode estar enganado sobre seu impacto, que sua influência é maior do que você pressupõe, e que toda ação humana é uma ação histórica.

A nossa influência no mundo é muito difícil de ser medida com precisão histórica, porque apenas o futuro poderia apontar com mais precisão a ação dos homens e mulheres. E mesmo assim, muitas influências nem mesmo a história conta.

A primeira coisa a ser considerada, quando calculamos nossa influência no mundo, é pensar sobre a teoria dos seis graus de separação. Essa teoria, desenvolvida pelo psicólogo Stanley Milgram, demonstra que qualquer pessoa do mundo está distante, no máximo, por seis graus de separação, ou seja, você e a rainha da Inglaterra, por exemplo, tem no máximo cinco pessoas entre vocês.

Na prática, acontece da seguinte forma:

Imagine que você precisa contatar o décimo quarto Dalai Lama, Tenzin Gyatso, líder espiritual do Tibete. Parece uma missão difícil? Você não o conhece, mas entre todas as pessoas que você conheceu durante sua vida, qual seria a mais próxima a conhecê-lo?

Talvez você conheça alguém que seja praticante da doutrina Budista, e o budismo é a religião praticada no Tibete. Talvez você tenha proximidade a algum líder de outra religião ou um líder político. Como Tenzin é uma personalidade mundialmente conhecida, essa pessoa pode já ter ouvido falar nele.

Você se lembra de um amigo de um parente seu que conheceu em uma festa no final do ano e disse ser budista. Você entra em contato com essa pessoa e pergunta se ele pode te ajudar. Ele responde que não sabe como contatar o Dalai Lama, mas se compromete a perguntar para o líder religioso do templo. O líder do templo nunca falou com o Tenzin, mas sabe de alguém que organiza uma excursão anual para visitar o Dalai Lama na Índia e receber instruções de suas práticas religiosas.

Sendo assim, você e o Dalai Lama estão a quatro graus de distância: seu colega, o líder do templo, a pessoa responsável pela excursão e o Dalai Lama. Se você não tivesse conhecido a pessoa budista na festa, o grau de separação seria cinco: seu parente, colega budista, líder do templo, pessoa responsável pela excursão e o Dalai Lama.

Hoje já se coloca que, devido às redes sociais, os graus de separação são menores, estamos cada vez mais próximos de influenciar qualquer pessoa do mundo. Olhando pela ótica dos seis graus de separação, uma frase, um gesto, uma ação feita pode reverberar pela sua rede de conexões e chegar a influenciar pessoas que você nem imagina. Algumas dessas pessoas podem ter a capacidade de influenciar outras milhares ou milhões de pessoas, e essa influência pode ter tido como estopim em uma simples conversa.

Além da capacidade de propagação de uma mensagem através da nossa rede de amigos e amigos dos nossos amigos, o fator tempo impacta na transmissão de uma mensagem. Esse fator não conseguimos prever.

Quando Ann e Barack presenciaram o nascimento do filho, em 4 de Agosto de 1961, provavelmente não previram que aquele jovem seria um dia presidente dos EUA e agraciado com um prêmio Nobel da Paz.

É impressionante perceber quão próximos estamos de qualquer pessoa do mundo, e isso tem que reforçar nossa responsabilidade ética com o mundo, não apenas com nossos interesses pessoais.

O presidente Barack Obama influenciou milhões de pessoas, não apenas norte-americanos, mas pessoas em todo o mundo. Suas decisões políticas influenciaram milhões de vidas ao redor do globo terrestre. Seu círculo de influência se estendeu a todo o planeta. Como presidente da nação mais poderosa econômica e militarmente, sua influência podia salvar ou tirar milhões de vidas.

Antes de Obama influenciar pessoas, governos e empresas no mundo todo, ele construiu suas influências ao longo da vida. Foram os pais, colegas, professores, políticos e muitos outros profissionais e pessoas que, com suas ações, ajudaram Obama a construir sua forma de ver o mundo. Essas influências constroem valores importantes em nossa vida. Valores como a ética, respeito, justiça e união.

Através das coisas que atribuímos valor, construímos nossa visão de mundo. Um mundo que pode ser mais ético, mais justo, que respeite o próximo; ou um mundo egoísta, forjado para tirar vantagem do outro. É essa visão de mundo que transmitimos aos demais através do nosso círculo de influência.

A imprevisibilidade do tempo não nos concede o direito de agir de modo antiético. Não sabemos, no dia de amanhã, o que serão no futuro as pessoas que cruzaram nosso caminho hoje. Nossa influência, boa ou ruim, na vida dessas pessoas vai representar um impacto muito maior em escala humanitária.

Pais que não educam os filhos com princípios éticos não apenas afetam a vida de uma criança, podem afetar toda uma geração ou várias gerações. Essa criança vai influenciar centenas de outras crianças ao longo de sua jornada escolar. Essa criança, ou algum colega de escola, pode se tornar uma pessoa influente, seja um artista, alguém da política, um influenciador nas mídias digitais, e assim impactar outros milhões de vidas, que levarão à frente esse impacto.

Os professores serão impactados pelo comportamento dessa criança, e assim o ciclo de influências aumenta a cada ano que passa. Não é admissível negligenciar nossa influência no mundo.

Se você possui uma única pessoa no seu círculo de influência, essa pessoa importa. Se você tem influência direta ou indireta sobre milhares de pessoas, sua responsabilidade em zelar pela ética é redobrada.

Os efeitos negativos falados nos parágrafos acima também podem ser revertidos. Quando cada um se compromete a agir de modo ético, essa influência vai reverberar de pessoa para pessoa, e, ao longo dos anos, podemos promover transformações sociais positivas.

3
VIVENDO
DENTRO DE BOLHAS

O círculo de influência exemplifica que estamos influenciando e sendo influenciados a todo momento durante o convívio humano. É natural que, para influenciar ou ser influenciado por alguma coisa ou alguém, é necessário entrar em contato com esse objeto ou pessoa.

Ao visitar a catedral de Cusco, no Peru, é possível observar um quadro que representa a Santa Ceia, com Jesus e seus doze discípulos sentados à mesa. Um dos fatos curiosos que podem ser observados nesse quadro, do artista cusquenho Marcos Zapata, é que o prato principal, servido à mesa em frente a Jesus, trata-se de um Cuy. O Cuy, chamado no Brasil de porquinho-da-Índia, é um prato típico do povo inca, considerado sagrado.

O quadro de Zapata representa o cruzamento de dois círculos de influência, antes desconhecidos um do outro. Antes da chegada dos espanhóis no Peru, a tradição cristã não existia para os povos Incas. Eles tinham sua tradição religiosa. Cuy também não poderia ter sido o prato servido durante a última ceia, já que milhares de quilômetros separavam as tradições culinárias de ambas as épocas. O cruzamento de um elemento sagrado para o povo Inca, dentro de uma tradição sagrada para os europeus, tornou-se possível graças aos círculos de influências.

Essa dinâmica possibilita a criação de coisas novas, possibilita expandir nosso entendimento do mundo, aumentar nosso respeito por outras culturas e povos, repensar ideias antigas, abandonar preconceitos. É inegável que a influência espanhola foi mais forte sobre o povo inca do que o inverso. Os conquistadores espanhóis estavam presos dentro de suas próprias bolhas culturais, e acreditavam, assim, que sua forma de cultura era superior às demais.

O uso do termo bolha se refere a um estado em que a pessoa está cercada por um nível de informação já adquirida e se nega a obter outras informações a respeito, expandir seu ponto de vista, dialogar com outras pessoas.

Toda a informação que a pessoa busca tem apenas a finalidade de reforçar suas próprias crenças.

Todos vivemos dentro de bolhas, ficamos cercados de informações e coisas que acreditamos, e isso vamos moldando nossa forma de ver o mundo. Para criar um mundo mais tolerante, guiado dentro de princípios éticos, é necessário furar as bolhas em que vivemos. No dia a dia, "esse furo na bolha" acontece.

No ambiente de trabalho, na escola, não convivemos apenas com pessoas que acreditam nas mesmas coisas que nós. Essa troca é positiva. Conviver e respeitar o diferente é um dos elementos que nos faz humanos.

Sair da nossa bolha se torna cada vez mais incômodo. Apesar de obrigados a fazer isso no trabalho e em outras situações, cada vez mais evitamos o contato com pessoas que pensam diferente para nos aliar a ideias semelhantes às nossas. As redes sociais têm grande responsabilidade sobre essa tendência comportamental nos últimos anos.

As redes sociais trabalham com um sistema de regras chamados de algoritmos. A função destes algoritmos é compreender o comportamento do usuário da rede social e assim direcionar para o usuário um conteúdo que mais se "encaixe" com o perfil do usuário de acordo com o que o algoritmo pressupõe que o indivíduo vai gostar.

Na prática, cada vez que você deixa um "curtir", um comentário ou qualquer outra ação em suas redes sociais, o algoritmo está mapeando seus registros. E a partir de um comportamento seu anterior, o sistema indica coisas para você no presente.

O interesse de uma rede social é que seus usuários permaneçam o máximo de tempo conectados a ela. A rede ganha com seus dados. Você pode não gastar dinheiro para usar a rede, mas gasta um bem mais valioso por lá: seu tempo. Quando você não paga por um serviço, é provável que você seja o produto.

Na economia da atenção, quanto mais tempo alguém fica conectado a um canal, mais exposto a propagandas a pessoa está, e dessa forma as mídias ganham com você. Os algoritmos são construídos para fazer você permanecer dentro da rede.

Se você demonstrou para a rede que gosta de ver vídeos de gatinhos, mais vídeos de gatinhos serão sugeridos em sua linha do tempo. Se você curtir a foto de um amigo, mais postagens desse amigo serão mostradas em sua linha do tempo. A função do algoritmo é entender o que faz você permanecer conectado à rede, e então te mostrar mais daquele conteúdo.

Não são apenas as redes sociais que utilizam esse mecanismo de filtrar o você vê, o sistema de pesquisa do Google faz o mesmo. Após pesquisar um termo no Google e se decidir por um link, o navegador vai armazenar suas preferências para sua pesquisa futura. Da próxima vez que você pesquisar algo sobre o tema, as respostas que vão aparecer em primeiro lugar são relacionadas à sua pesquisa anterior.

"Mas, Carlos, qual o problema desses algoritmos em relação a uma vida ética?", você poderia me questionar. Todos esses dados pessoais que são coletados por esses sistemas e usados para manipular o comportamento dos usuários se tornam uma profunda questão ética envolvendo grandes conglomerados de mídia. Mas não é sobre eles que quero falar, e sim sobre você e eu, que usamos essas redes diariamente.

Ser exposto a um conteúdo sempre igual, que apenas confirma uma opinião pré-definida sobre algo, está colocando a sociedade em uma bolha de conhecimento. Ao longo da história humana, as civilizações floresceram dentro de suas bolhas, onde suas crenças e seu modo de vida eram mais válidos que dos estrangeiros.

Quando uma visão de mundo se acha superior a outras visões de mundo, muito mal é gerado sob a justificativa de superioridade ou importância do "nosso" sobre o "deles". Hoje, com toda a informação que a humanidade criou ao longo de sua história, muitos avanços foram dados em relação aos direitos humanos e uma convivência ética.

Mas, novamente vemos muitos direitos já conquistados ameaçados por discursos de ódio que encontram apoio dentro de bolhas formadas na internet. Pessoas são expostas todos os dias às mesmas informações distorcidas. Um sistema, que apesar de todo o conhecimento já produzido pela humanidade, prioriza trazer ao usuário as informações que ele quer ver, mesmo se forem falsas ou de cunho odioso.

É mais confortável manter "a velha opinião formada sobre tudo". Só que a vida ética exige esforço. Nosso esforço nesse ponto é romper nossa própria bolha e ir de forma tolerante ao encontro de ideias diferentes.

> **A vida ética exige que as bolhas criadas sejam rompidas, precisamos buscar informação de diversas fontes, buscar um discurso que não seja segregador.**

Busque no encontro do outro a ética do bem viver. Se do lado de fora da nossa bolha encontramos discursos de ódio e desunião, é mais que urgente que, através do nosso círculo de influência, possamos influenciar mais pessoas a lutar pela vida ética.

Se dentro de nossa bolha encontramos esses mesmos discursos, faz-se urgente o rompimento da bolha para irmos ao encontro de melhores formas para viver a vida. Certa vez, Gandhi disse: "Olho por olho e o mundo acabará cego." Ainda há pessoas vivendo sobre o código do "olho por olho", como se pertencessem à Babilônia do século XVII a. C. Não dá para se comportar nos dias de hoje como viveram antepassados há quase 4 mil anos. Faz-se urgente novos comportamentos para a construção do futuro do mundo.

4

AS FAKE NEWS

Enviar notícias falsas não é uma novidade no curso da história humana. Muita propaganda negativa e mentirosa foi divulgada com o intuito de prejudicar opositores e tirar credibilidade de pessoas. As notícias falsas, hoje chamadas pelo termo em inglês "fake news", causaram muitas mortes ao longo do tempo e continuam causando.

Quando Gutenberg criou a prensa móvel, permitindo assim a impressão de livros, a humanidade dava ali um salto em direção ao futuro, em que o conhecimento seria acessível para mais pessoas. Décadas mais tarde, no ano de 1487, o clérigo Heinrich Kramer lançava seu livro Malleus Maleficarum, um guia para identificar e caçar bruxas.

Malleus Maleficarum estimulava, em suas páginas, práticas de tortura, perseguição e morte às "bruxas". O pensamento supersticioso e anticientífico da época não veio de encontro para condenar aquelas práticas. Ao contrário, acatou as recomendações.

Se você for do sexo feminino e alguma vez já conversou com seu animal de estimação, saiba que você poderia ser julgada como bruxa no século XV e acabar morta. O livro de Kramer se transformou no segundo livro mais vendido da época, atrás apenas da Bíblia. Isso fez com que as caças às bruxas se tornasse popular, inclusive nos Estados Unidos.

Milhares de vidas inocentes foram tiradas por mentiras escritas em uma página de papel. A falta de discernimento das pessoas da época fez com que acreditassem nas mentiras promovidas pelo livro, e o resultado disso foram crimes contra a humanidade.

Se uma obra, qualquer que seja, incentiva a prática de ódio, tortura, perseguição e morte de outros seres humanos, dentro do princípio ético já devemos deixar de lado esse conteúdo e não o transmitir para mais ninguém.

Porém, séculos depois de um livro que incentivou a morte de pessoas tornar-se o "mais vendido", ainda continuamos a transmitir notícias falsas, muitas que podem causar, direta ou indiretamente, a morte de pessoas. Nos dias de hoje, ainda temos outro fator de complicação: a velocidade da comunicação.

Uma notícia surge em uma rede social e começa a se propagar de forma instantânea. Os criadores dessas notícias falsas têm interesse que elas cheguem ao máximo de pessoas possível. Assim, até que alguém conteste a veracidade da notícia, muitas pessoas já terão visto a mensagem e acreditado nela.

Essas pessoas mal-intencionadas investem algum dinheiro em publicidade na rede social, assim, milhares de pessoas são afetadas pelas notícias. Depois disso, é só esperar o efeito em massa. As pessoas entram em contato com as notícias falsas e as compartilham via mensagem de celular ou na própria linha do tempo de suas redes sociais. Com isso, mais pessoas são expostas pelas mentiras.

> Compartilhar fake news é uma questão ética. Lembre-se do impacto que você causa no seu círculo de influência. Não é possível prever quantas pessoas serão impactadas pela nossa mensagem, e como vão reagir a isso no futuro.

O efeito bolha na rede social é mais um agravante na disseminação das fake news. O algoritmo da rede social mapeia o perfil dos usuários, então basta direcionar a publicidade para os perfis de pessoas que terão maior tendência a gostar e acreditar naquela notícia. Essas pessoas vão compartilhar a informação e, dentro das suas bolhas sociais, a notícia falsa vai encontrar outras pessoas que têm o mesmo comportamento, criando assim uma avalanche de pessoas que acreditam em mentiras, e transmitindo isso para outras milhares.

Compartilhar notícias falsas é uma infração ética. Essa ação pode gerar impactos sobre a saúde das pessoas, impactos políticos em milhões de vidas, que envolvam a segurança de outras vidas. Grande parte do dano causado pelo compartilhamento de notícias falsas poderia ser evitado se alguns comportamentos fossem alterados, comportamentos esses de nossa responsabilidade. Já que não podemos coibir outras pessoas de produzirem notícias falsas, podemos não compartilhar o que não temos certeza da idoneidade.

A estrutura de uma fake news é feita de forma a convencer as pessoas sobre a veracidade dos fatos. É comum uma notícia falsa ser criada com base em um fato verdadeiro, porém, a verdade é um elemento mínimo dentro da notícia. O fato verdadeiro será usado apenas para manipular a opinião pública, enquanto o resto da argumentação da notícia é falsa.

Durante a pandemia do Covid-19, uma das fake news divulgadas dizia que o uso de álcool em gel nas mãos alterava o resultado no teste do bafômetro. Essa notícia se baseava no fato de que o bafômetro mede o nível de álcool no sangue das pessoas para dizer quem está embriagado. Com informações falsas, a notícia afirmava que o álcool em gel, usado para higienizar as mãos, era detectado pelo bafômetro.

Uma notícia como essa pode levar pessoas a não tomarem as devidas medidas de proteção contra o coronavírus, como o uso do álcool em gel, para evitar de serem multadas pelo bafômetro. Como resultado, pessoas podem contrair o vírus, transmitir para outras pessoas e causar mortes.

Em 2014, na cidade do Guarujá, uma mulher foi linchada devido a uma notícia falsa postada em uma página do Facebook. A notícia dizia que uma mulher sequestrava crianças na cidade para realizar atos de feitiçaria. E um retrato da suposta mulher foi postado na página. A polícia informou que nenhum caso de sequestro de crianças estava em curso na cidade.

Uma inocente mãe de família de 33 anos, confundida com o suposto retrato divulgado na internet, foi linchada por várias pessoas e veio a falecer, deixando marido e dois filhos. Os suspeitos foram condenados a 30 anos de prisão. Vidas de várias famílias foram comprometidas por uma falsa postagem na rede.

Para evitar que injustiças continuem sendo cometidas, precisamos ampliar nosso filtro contra notícias falsas. Muitas vezes não conseguimos impedir que essas notícias cheguem até nós, mas podemos impedir que sejam transmitidas para outros. Primeiro não compartilhando-as e, depois, informando a quem compartilhou que as notícias são falsas.

Se você recebeu uma notícia bombástica por mensagem no seu celular, o primeiro comportamento é averiguar a fonte dessa notícia. Algumas manchetes chamam nossa atenção, às vezes são coisas que queremos acreditar que sejam verdades. Outras podem ser eventos que nos chocam, então, queremos avisar para mais pessoas sobre o que está acontecendo, e simplesmente compartilhamos uma mensagem recebida sem averiguar corretamente a origem.

Hoje temos fácil acesso à informação, não vamos jogar isso fora. Se você realmente não pode tirar alguns minutos para verificar as fontes da notícia para se certificar que é verdadeira, então, não compartilhe. Se você entender que é importante compartilhar, pesquise mais sobre o assunto. Aprofundar-se mais no tema é sempre o melhor caminho. Primeiro porque isso permite que você saia da sua bolha; e segundo, porque, com informação extra, você pode orientar seus amigos e parentes que estão acreditando nas notícias falsas.

Os buscadores da internet, como o Google, são boas ferramentas para auxiliar na sua pesquisa em busca de novas fontes. Coloque o título da notícia ou suas palavras-chave, e veja se outros sites estão falando a mesma coisa.

Se for uma notícia verdadeira, ela saiu em mais de um canal de mídia. Se você não encontra a notícia em nenhum outro lugar além do seu celular, desconfie da idoneidade do fato. Se apenas um blog ou site traz a notícia, verifique quem é o autor da notícia, busque informações sobre o site. Qual o interesse que essa pessoa ou esse site pode ter por trás da divulgação dessa notícia?

Leia a notícia por completo, muita gente lê apenas a chamada. Os títulos ou chamadas das notícias são criados com o intuito de conseguir trazer a atenção e levar pessoas ao site. Esses títulos são normalmente sensacionalistas e não condizem com o conteúdo da matéria.

Observe a data da notícia. Outro fato comum é ver matérias antigas serem compartilhadas como se fossem recentes. Essas publicações antigas são repostadas em momentos propícios para manipular a opinião pública sobre um assunto.

Sites como e-farsas.com, a página @aosfatos, do Instagram, e o Fake Check (http://nilc-fakenews.herokuapp.com/) ajudam a identificar quando uma notícia é falsa. Não comprometa sua imagem pessoal compartilhando notícias sem identificar as fontes. O impacto dessa atitude pode ser negativo no seu futuro e no de outras pessoas.

5
RELACIONAMENTOS
DE CONFIANÇA

Platão exemplifica que, para se formar um Estado, se começa formando um indivíduo. O indivíduo bem formado é a base para a construção social, desde o pequeno núcleo social, como a família, ao grande grupo social, que engloba toda a humanidade.

O núcleo familiar é um pequeno modelo de estruturas sociais maiores, como comunidades, organizações, cidades e o Estado. É dentro das famílias que inicialmente viveremos a experiência da vida social, onde enfrentaremos nossa primeira "crise", não econômica, mas de convivência moral, onde nossos valores serão fortalecidos ou enfraquecidos ao longo dos anos. Crianças aprendem o sentido de certo ou errado observando as atitudes dos pais ou, quando estes não estão presentes, de outros adultos responsáveis pelos cuidados e educação.

Uma criança não aprende quando alguém lhe diz: "Não brigue com seu irmão, não fale palavrão, não fume." Ela aprende quando observa a atitude das pessoas próximas mais velhas. Então, ela julga ali o que é válido e real no ensinamento passado. Dizer "brigar é feio" e dentro de casa viver em clima de guerra é incoerente para uma criança. Ela associa pelo exemplo. Se ela vir as pessoas mais velhas próximas brigando, ela associa que isso é normal. Essa mesma cena se repete em diversos momentos da vida infantil, em que é ensinado algo, mas feito o contrário.

E, assim, segue a educação dos primeiros passos de um indivíduo que fará parte ativa da sociedade em poucos anos. Educar nos ensina sobre nossa hipocrisia. Quando pensamos algo, sentimos algo diferente e vivemos algo oposto àquilo que pensamos e sentimos. Um jovem e um adulto podem até ser instruídos por palavras, mesmo quando estas são diferentes das ações, mas eles já possuem um nível de discernimento para distinguir se a melhor opção é o que está sendo falado ou o que está sendo feito. Uma criança não tem esse discernimento desenvolvido. Ela julga que, se algo está sendo feito, esse algo é válido e pode ser repetido.

Vivemos socialmente em uma situação de hipocrisia, falamos que o que julgamos ser correto é a melhor opção, mas nossas ações não outorgam o direito de muitas das palavras que falamos. Falamos porque achamos a frase bonita, porque queremos ser notados, para chamar a atenção para nós, porque todos falam algo, porque sentimos que é o correto a fazer, mas muitas vezes nos falta força de caráter para viver o que falamos. E, nesse ponto, quero elucidar que, quando digo educar uma criança sobre o que é certo ou errado, não falo de moralismo. Refiro-me a educar nos princípios e valores mais elevados, ensinar que todo ser humano é igual em essência, apesar de suas diferenças físicas, culturais, financeiras e escolhas pessoais.

Não é ser moralista e ensinar que ser heterossexual é melhor do que ser homossexual, que ser engenheiro é melhor do que ser pedreiro, que ser cristão é melhor do que ser muçulmano, que ser do partido A é melhor do que ser do partido B. Esses dogmatismos sociais separam ao invés de unir. Educar para o que é certo e errado é mostrar que, em meio a todas as diferenças do mundo, existe um princípio de união, que é o que nos faz fortes e é o que devemos buscar. As escolhas assertivas não vão contra esse princípio, as escolhas corretas têm a capacidade de respeitar as diferenças pessoais, buscar a justiça nas palavras e ações para manter-se o sentido de união e do bem comum. As escolhas erradas são aquelas que levam a qualquer tipo de fanatismo, seja religioso, político ou de classe. São escolhas que separam, dividem e enfraquecem. Unir não é querer que todos sejam iguais — isso é mais próximo à manipulação do que à união. — Unir é saber que, apesar de todas as diferenças aparentes, a convivência é possível e que o outro ser humano busca o mesmo que você: a felicidade.

Para ensinar isso a uma criança, precisamos extrair isso de nós mesmos. Afinal, como podemos plantar algo se não temos as sementes? E as sementes que germinarão no futuro próximo são as crianças e jovens do presente, e, após isso, os filhos destes.

As sementes plantadas em um passado recente dão seus frutos agora. Podemos colher bons frutos destas sementes, mas também podemos colher maus frutos e frutos vazios, sem vida. Colhemos hoje o fruto de um materialismo exacerbado, em que a divindade mais reverenciada se chama dinheiro. Colhemos uma superpopulação e uma crise ecológica no planeta, um número crescente de divórcios, de problemas de saúde e depressão, colhemos a desconfiança no relacionamento com o outro. As antigas sementes nos geraram maus frutos. Se as sementes desses frutos continuarem a ser plantadas, produziremos um futuro de grandes catástrofes humanas e ecológicas.

Precisamos buscar as melhores sementes em nós e plantá-las. Primeiro plantamos em nós mesmos e, assim que começarem a germinar, plantamos para as futuras gerações. Procurar ensinar uma criança o certo e dar o exemplo errado não funciona, e será ineficaz a tentativa de educar a criança sobre a importância de seus atos para com o outro ser humano. Esse modo hipócrita com que nos acostumamos a encarar os fatos e levar a vida nos levou a um estado de desconfiança. Temos hoje, como sociedade, uma necessidade crescente de provar tudo o que está sendo dito. Um acordo feito por telefone precisa ser registrado no e-mail, uma proposta política precisa ser registrada em cartório, buscamos uma prova concreta de que aquilo que está sendo falado vai ser cumprido, os relacionamentos de todos os tipos precisam ser fixados através de um contrato. E, mesmo assim, em muitos casos, existe negligência na hora de cumprir o que foi prometido.

É comum consumidores reclamarem que o produto ou serviço não foi entregue como acordado, líderes reclamarem que seus subordinados não cumprem o prazo no envio das informações, empregados reclamarem que a empresa não oferece o plano de carreira prometido na hora da contratação. A desilusão gerada entre o que é falado e o que é feito tornou-se tão grande que o relacionamento com o outro ser humano se torna frágil, com um ar de desconfiança nas relações.

Esperamos pela primeira promessa não cumprida de alguém ou pelo primeiro gesto de incoerência da outra parte. Esperamos isso do outro, e também emitimos isso para o outro ser humano com quem nos relacionamos. Isso não quer dizer que um produto não possa chegar com defeito ou que um imprevisto nos faça chegar com uma hora de atraso a um compromisso. A questão é que banalizamos a importância da coerência entre o que falamos e agimos, e transformamos nossos erros em justificativas pelo comportamento falho que temos quando nos relacionamos com outro ser humano. A ética em nós tem a capacidade de gerar a responsabilidade no relacionamento. Assim, quando falarmos algo, que também façamos um compromisso firme de fazer uma expressão verdadeira daquilo que falamos.

> **A ética nas relações tem a capacidade de restaurar a confiança perdida nos relacionamentos humanos.**

Quem cumpre com o prometido é visto como uma pessoa honrada pelos demais. O valor da honra é um dos mais poderosos valores para construir relacionamentos firmes e duradouros. Cada um, dentro de sua esfera de influência, deve buscar o fortalecimento da confiança nas relações. Ouvi certa vez de uma professora que, antes de se pedir confiança, devemos dar nosso voto de confiança à outra pessoa. É claro que isso não significa ser ingênuo dentro de uma relação, significa dar o primeiro passo para a criação de um relacionamento mais forte.

Esperamos sempre que o outro prove que é digno de nossa confiança, e essa nossa espera muitas vezes nos mantém afastados de um relacionamento mais verdadeiro. Seja qual for nossa posição dentro de um relacionamento com o outro, primeiramente deveríamos depositar nossa confiança de que o outro ser humano é bom e justo, assim como também somos. Devemos esperar pelos acertos dos outros, em vez de esperar que cometam um erro para que julguemos seus erros com impiedade. Muitos dos que erram gostariam de acertar, só não foram educados para isso. Ao criticar, não incentivamos que essas pessoas melhorem, colocamos um peso sobre seus ombros com nosso julgamento, um peso que serve apenas para que elas se frustrem e façam cada vez menos, com medo das críticas. Só é apto para julgar aquele que é justo em seus atos, e com mais frequência somos mais injustos do que justos, seja conosco ou com o outro. Antes de julgar e criticar as atitudes dos outros, vamos primeiramente depositar nossa confiança e educar com amor, para evitar que o outro cometa erros, sejam erros que já cometemos e podemos evitar que os outros façam, ou erros que evitamos, mas que para o outro podem não estar claros.

Aos pais, cabe educar bem os filhos para então depositar a confiança de que eles tomarão as decisões corretas ao longo da vida. É preciso estar presente, acompanhar o desenvolvimento das fases da vida, pois em cada idade existe uma necessidade de aprendizado e experiência. São justos os pais que entendem essas necessidades, tanto derivadas da idade quanto da individualidade de cada um. Deve-se saber o momento correto para cada coisa, educando e corrigindo os filhos ao longo da vida destes.

Os pais que educam corretamente sabem que podem depositar a confiança nas ações dos filhos, porque estes foram formados para se relacionar melhor com o mundo. Esses filhos vão cometer erros como parte do próprio processo de aprendizado, por isso os pais devem manter sempre a ponta da corda da confiança à mostra para eles, para que possam puxá-la e retornar ao caminho correto. Que os pais se recordem de que também cometeram seus erros — e ainda cometem—, e muitos dos erros dos filhos podem ser reflexo da injustiça dos pais durante a educação, que reverbera tanto no excesso quanto na escassez durante a formação moral da criança.

Aos filhos, que depositem a confiança nos pais, tios e avós, nos entes mais velhos que têm próximos de si. Ali reside muita experiência e sabedoria de vida. Se você quiser cometer menos erros, aprenda com os mais velhos. Nenhuma tecnologia substitui a experiência de vida, e não importa em que geração nasceu, você passará pelos mesmos problemas que a geração anterior. Não me refiro a problemas temporais — a geração Z terá dificuldades temporais diferentes da geração X —, mas aos velhos problemas humanos. Independentemente do ano em que nasceu, você terá que aprender a controlar suas emoções, saber a importância do estudo, acordar cedo, relacionar-se no trabalho, na escola, na faculdade. Você passará por dificuldades de relacionamentos e dúvidas quanto ao seu futuro. Deposite confiança nos conselhos dos parentes mais velhos próximos a você. Eles podem não ter os mesmos recursos, mas, quando se trata de um ser humano para o outro, o que prevalece é o amor na relação, não o número de conexões nas redes sociais.

Aos cônjuges, que confiem um no outro com a força do voto que fizeram ao se casarem. Essa confiança deverá ser reforçada todos os dias. Se a confiança de um casal fosse um muro de tijolos, cada um deveria, dia a dia, acrescentar um tijolo a mais nesse muro para que ele se torne mais alto e também mais largo, para quando os ventos das instabilidades baterem contra ele, esteja firme e não caia. Cada membro do casal deve questionar a si mesmo se a ação que faz coloca um tijolo para fortalecer o muro da confiança ou se o que faz é bater com uma marreta contra o muro já construído. A construção do muro da confiança é um trabalho em conjunto, e por isso ambos devem fazer esse trabalho. Casamento são duas individualidades com suas próprias particularidades, que devem ser respeitadas por ambos os lados. Porém, casamento também é deixar um pouco de lado suas próprias coisas para construir algo em conjunto com alguém que tenha os mesmos ideais de construção que você.

Aos líderes, que confiem em suas equipes, acreditem em seus subordinados e nas habilidades deles. Demonstre o interesse real pelo outro que te serve e saiba da sua responsabilidade em servir as pessoas. Os resultados de um líder são construídos através do trabalho dos subordinados. Trate seus subordinados com ética e respeito, demonstre confiança na equipe que tem, possibilitando, assim, um ambiente de harmonia e resultados crescentes para todos.

Aos subordinados, demonstrem respeito para com aqueles que são seus líderes. A posição de liderança traz grandes pressões para os que ocupam esses cargos. Assim como um líder tem que ter empatia pela equipe, os subordinados devem ter empatia pelos seus líderes. Busque compreender as decisões tomadas pela liderança, seja participativo nas decisões e, em vez de criticá-las, pergunte quando não entender a razão de alguma determinação. Aqueles que estão acima em alguma hierarquia estão lá por algum mérito, é necessário respeito pelo trabalho da liderança. Lembre-se de que você não conhece as pressões que a outra parte sofre, e não sabe se tomaria melhores decisões se estivesse no mesmo lugar.

Relações mais éticas nascem primeiramente em nosso círculo de influência e, do nosso círculo, se expandem para outras pessoas. As relações com pessoas próximas não podem ser negligenciadas, é dessas relações que construímos uma melhor convivência e os alicerces para um futuro melhor. As relações com pessoas próximas são nosso primeiro e, talvez, neste momento, nosso maior teste de ética, em que nossos melhores valores serão testados e teremos que optar por levar nosso melhor ou nosso pior para o convívio com o outro.

6

PAIS
E FILHOS

Dentro de casa é onde acontece a primeira e em grande parte das vezes a maior influência de um ser humano sobre o outro. Na construção de um mundo mais ético, os familiares têm grandes responsabilidades, pois dentro das famílias residem aqueles que serão o futuro: as crianças.

Cada geração sofre o impacto de diversas influências ao longo de uma vida, e a geração futura será formada com base na visão de mundo de uma geração anterior. Como escreveu Belchior, "Minha dor é perceber, que apesar de termos feito tudo que fizemos, ainda somos os mesmos e vivemos como nossos pais". Crenças, hábitos e modos de vidas são transmitidos adiante, muitas vezes sem uma avaliação para contestar se aquelas posturas ainda são válidas.

É muito difícil desapegar de nossas crenças mais enraizadas, mas será que elas ainda são válidas? Será que essas crenças promovem uma convivência ética? Será que são fontes de união entre as pessoas ou promovem afastamento social?

Os pais, avós, tios e familiares provavelmente não transmitem visões de mundo, por vezes preconceituosas, propositalmente para as crianças. Transmitem visões de mundo e formas de pensar que lhes foram transmitidas ao longo da vida, e formaram raízes mentais em suas memórias. São visões de mundo que precisam ser substituídas por algo novo.

Não quero dizer que não devemos dar valor à história e à tradição, a memória é muito importante para evitar que cometamos os mesmos erros do passado. É muito importante para a humanidade conhecer sua origem, cada povo conhecer sua história, cada família respeitar seus antepassados. Todo esse valor histórico é importante para que sirva como um portal para o futuro, para um futuro em que os erros do passado não voltem a ser cometidos.

Provavelmente os conselhos sobre qual profissão seguir que a geração anterior recebeu não serão suficientes para as gerações futuras. As tecnologias já mudaram a forma de trabalho e esse processo vai acelerar nos próximos anos. Muitas profissões de hoje não existirão no futuro, e profissões que desconhecemos hoje emergirão para atender as necessidades futuras.

A forma que consumimos durante o século XX e no início do século XXI precisa ser repensada para as futuras gerações. Não adianta transmitir a elas o frenesi de compras que viciou toda uma geração.

> **A forma como as gerações anteriores cuidaram da preservação ambiental precisa ser melhorada, ou criaremos um local inóspito para que as futuras gerações vivam.**

A forma como estruturamos as famílias precisa ser repensada. Enquanto nossos pais e avós tinham seis, sete, oito filhos, atualmente, uma família composta de quatro pessoas já representa um agravante para a situação populacional em que vivemos hoje. Em 2020, temos mais de 7,7 bilhões de pessoas no planeta. As gerações que nascerão nessa década vão encontrar, em 2050, um planeta com 9,7 bilhões de seres humanos.

Serão quase 10 bilhões de pessoas compartilhando recursos limitados. Em um futuro com emprego incerto, meio ambiente ameaçado e estimativa de vida maior, é necessário aos jovens pais repensarem na forma de construir famílias. Trazer um filho ao mundo não se trata apenas de uma questão ou decisão pessoal, trata-se de uma decisão que impacta todo o planeta.

Ter um filho deve ser um compromisso assumido com a mais alta responsabilidade. Uma responsabilidade que envolve questões econômicas, ambientais e envolve principalmente uma vida humana. Podemos apontar como uma falha do sistema educacional humano não preparar as pessoas para serem pais.

Aqueles que são os pais de uma criança, sejam os pais biológicos ou aqueles que assumiram o compromisso de criar e educar por meio da adoção, nunca foram formados para criar um ser humano. Como falamos até aqui, um ser humano pode influenciar milhares ou milhões de pessoas ao longo de uma vida. Essa influência pode gerar resultados positivos ou negativos, tanto no presente como no futuro.

Ser pai e mãe é uma das maiores experiências que um ser humano pode ter. É um ato de doação, é uma ação generosa, onde os pais buscam o melhor que têm para transmitir aos filhos. É um ato de sacrifício, no qual os pais renunciam a suas próprias coisas para oferecer o melhor aos filhos. Um ato de desapego, que em muitos casos nem mesmo são reconhecidos.

E mesmo sabendo de tudo isso, e reconhecendo que ser pai e mãe é uma das formas que permite que um ser humano se desenvolva mais em valores como bondade, generosidade e serviço, ainda assim, venho lhe fazer um pedido. Tenha você um filho ou pense em ter no futuro, aprenda cada vez mais como educar um ser humano, e aprenda sobre a ética da boa convivência, para poder, assim, transferir isso a ele.

Seus filhos não vão seguir o que você fala, eles vão seguir o que você faz. Então, primeiro de tudo, vigie-se. Passe a fazer com que os comportamentos éticos sejam frequentes em sua vida. Vai haver situações em que uma infração ética, como furar uma fila, seja tentador. Nessas horas, recorde-se que você é o exemplo para uma criança, que tem sobre seus ombros o pesado fardo de construir o futuro.

A criança terá que resolver os problemas que nós deixamos para ela, não apenas os seus próprios problemas. Ela vai influenciar muitas outras gerações, seu impacto no mundo não pode ser previsto pelos pais ou avós. A única coisa que podemos prever é que se ela for educada dentro de princípios éticos, a probabilidade de sua ação no mundo ser positiva será maior.

Se você tem um filho e assumiu o importante compromisso de educar essa criança, mesmo sem nunca ter recebido o preparo para isso, reflita sobre a importância do seu trabalho. Espero sinceramente que as reflexões contidas aqui nesta obra possam te ajudar de alguma forma nessa grande missão.

Os conselhos sobre profissão, ou qualquer outro elemento temporal, pode não ter tanta relevância no futuro do seu filho, mas ele vai levar por toda a vida o aprendizado ético. E ajudará a iluminar o caminho de muitas outras pessoas por onde ele passar.

7
SER ÉTICO
É SER LIVRE

A verdadeira liberdade está em ser ético no cumprimento de nossos deveres. Um dos maiores enganos é pensar que ser ético pode tirar algum tipo de liberdade que possuímos, quando, pelo contrário, tanto mais livre é o ser humano quanto mais ético é em suas ações.

A ética, para a humanidade, está intimamente ligada às escolhas que tomamos. Uma pedra segue sua natureza de pedra e, com o passar dos anos, décadas e eras geológicas, ela terá sua experiência determinada por essa natureza. Enfrentará dias de sol, de chuva, frio e calor sempre estática, a natureza dela não lhe permite a escolha de sair do sol e buscar uma sombra, de se proteger da chuva ou de não ser usada como banco para um homem que transite e senta-se para descansar sobre ela. Não ter escolha não significa que a pedra não é livre, pois ela cumpre o que sua natureza de pedra determina, e ela é livre exatamente por viver essa natureza.

As plantas e vegetais têm uma natureza diferente das pedras. Em vez de enfrentar de forma estática e resistente o passar dos dias, eles crescem e se multiplicam. Os vegetais nascem de formas frágeis — as sementes —, e ao longo dos anos crescem e dão flores e frutos. A força da vida contida em uma semente vai eclodir quando encontra a terra para fornecer estabilidade, água para fluir a vida e sol para sua fotossíntese. Não é da escolha de uma árvore frutífera não dar frutos, pois essa é a sua natureza, assim como não cabe à árvore se apegar ao fruto, pois este não pertence a ela, e sim a uma geração futura.

A ética para o reino animal está no vivenciar os instintos. Um pássaro não é livre porque voa, é livre porque essa é a sua natureza como pássaro e, ao cumprir essa natureza, ele é livre, porém, está limitado à escolha de voar, não pode correr tão rápido quanto um leopardo ou nadar como um golfinho. Expressões violentas ou carinhosas por parte desse reino são apenas as experiências dos animais com a liberdade de ser o que são, seres que conhecem apenas o instinto.

Nos outros reinos, a escolha não existe ou é muito limitada, enquanto com o homem temos muitas escolhas pela frente e cada uma traz um sentimento de ganho ou perda. Mas, se nossas escolhas sempre forem em favor da ética, sendo esta um apoio para nossa felicidade, haveria tantas escolhas a serem tomadas?

Na vida humana enfrentaremos dias de sol e de chuva, épocas que consideraremos melhores ou mais difíceis, mas nossa natureza não determina que devemos passar por isso de forma inerte à espera de que as coisas mudem, criando raízes no passado sem almejar um futuro melhor ou respondendo aos acontecimentos de forma instintiva, guiados por paixões materialistas e sentimentos egoístas. Nossa natureza nos impulsiona para que tomemos uma decisão de como vamos reagir a cada uma das coisas que nos acontecem.

Uma ação ético-organizada pertence à natureza humana, ou seja, ao agir de forma ordenada e sempre pautada por princípios éticos. Esses princípios éticos que devem pautar as ações humanas não são princípios que se modificam com o tempo. São os grandes princípios éticos, uma Ética com "E" maiúsculo.

A Ética — aspiramos por uma união entre os povos, um mundo livre de crimes, corrupção e injustiça. A dor do outro nos comove e gostaríamos de viver em um mundo onde as crianças da Etiópia tivessem a mesma qualidade de vida das crianças nascidas na Suíça. Essa aspiração em nós para as escolhas que são boas é o reflexo da grande ética universal presente em nós. Essa visão de um mundo melhor vem carregada dos valores:

- União
- Amor
- Justiça
- Compaixão
- Altruísmo
- Respeito

A vivência desses valores pode ser chamada de "viver de modo ético".

Esses valores apoiam uma grande ética universal. Todo homem vislumbra que a união é melhor do que a desunião, que amor é melhor do que ódio, que a justiça é benéfica, que compaixão e altruísmo eliminam as diferenças e enobrecem o homem, e que o respeito é a base para criar laços com outros seres humanos, respeitando as diferenças presentes em cada um para se viver um princípio de união com o todo. Aquele que vivencia esses valores não comete crimes contra a humanidade, vive de forma ética. E por isso é mais feliz do que os demais, pois vive sua verdadeira natureza.

Mas somente ter esses princípios latentes em si não basta para vivê-los. Para viver essa grande ética, é necessário se educar nesses valores e um trabalho diário para colocá-los em prática. Nossa educação atual é a primeira barreira para a experiência de viver de forma Ética. Aprendemos a ler, a escrever, a fazer cálculos, mas o ensino para se agir por justiça, amor e respeito é negligenciado tanto por pais como por professores. Como são poucos os seres humanos educados nesses valores, formamos uma sociedade da antiética, onde não discutimos a importância de viver de forma ética. Em vez disso, grande parte da produção cultural apoia essa forma de vida que valoriza a vivência do instintivo e do materialismo em detrimento da vida ética. Essa condição incentivada socialmente é nossa segunda barreira, e essa barreira empurra cada vez mais jovens a viver essa antiética, em substituição a uma ética universal.

A terceira barreira que precisa ser enfrentada para viver essa ética universal é combater nossos antivalores. Acostumamo-nos a praticar antivalores diariamente porque isso nos exige menos esforço, porque socialmente a antiética se tornou comum e porque perdemos a dimensão de onde as práticas desses antivalores podem levar o indivíduo e a sociedade. Para viver essa ética, devemos monitorar cada pensamento, sentimento e ato que promova:

- Desunião
- Ódio
- Injustiça
- Impiedade
- Egoísmo
- Desrespeito

Esses são os antivalores originários de um caráter malformado.

Toda crença enraizada no ódio pelo diferente, que gere algum tipo de desunião entre pessoas, que valorize o "meu" em detrimento do "nosso", é uma crença antiética. Essas crenças podem ter se originado em algum período histórico e estarem vivas até hoje em nossos dias. São frutos da ignorância e do medo pelo desconhecido. Muitas têm como padrinhos os processos de manipulação em massa criados para levar ao poder homens que só pensam em seu próprio benefício, tiranos que, a partir da força, tomam o poder e promovem a ignorância entre o povo, encaminhando a nação para uma idade média, onde a violência, a contracultura e a ignorância são veículos comuns usados diariamente para manter as coisas como estão.

O agir — diz um princípio hermético de que "nada está parado". Tudo no Universo está em constante movimento, desde os grandes corpos celestiais até os átomos. Tudo gira em torno de um centro, e o centro gira em torno de si mesmo, como um observador de todas as coisas à sua volta.

Para expressar uma ação ético-organizada, precisamos agir. Vimos sobre os valores éticos que devemos buscar, da necessidade de se educar nesses valores para conhecê-los mais profundamente e assim vivê-los de forma prática, não da "boca para fora". A primeira forma do agir de forma ética organizada é combater em si as atitudes antiéticas e a partir desse ponto passar a combater essas mesmas atitudes no mundo.

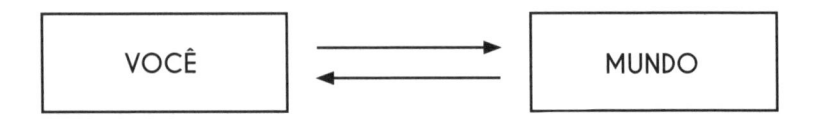

```
┌─────────┐      →      ┌─────────┐
│  VOCÊ   │      ←      │  MUNDO  │
└─────────┘             └─────────┘
```

É um agir de via dupla, que parte do indivíduo para o mundo. Querer buscar correções no mundo sem fazer correções em si mesmo é fruto da hipocrisia.

Ao experienciar esses valores em nós, refletimos isso no mundo, em uma união de antigos ensinamentos incorporados agora à nossa rotineira e cotidiana experiência.

AÇÃO NO MUNDO

(VALORES ÉTICOS)

O centro sobre o qual todas as nossas ações giram é o centro de nossos valores éticos. E é a partir desse centro de ações éticas que agimos no mundo. Tanto "o que" quanto "como" fazemos as coisas no mundo devem partir desse centro de valores éticos.

A organização — não basta apenas fazer algo todos os dias, a ação que é feita deve ser uma ação ordenada. Não devemos fazer de qualquer jeito. Toda ação causa um impacto no círculo de influência, por isso deve ser ordenada e realizada da melhor forma. Muitos querem fazer algo, mas, envoltos em uma aura de revolta com a situação atual, fazem da maneira que melhor lhes apetece, sem ordem e respeito pelos demais.

Como resultado, os efeitos de suas ações geram desordem, violência, separatismo e corrupção. Sem ordem, as ações feitas geram os mesmos resultados que eles buscam combater. Em verdade, eles acabam sendo mecanismos para que as coisas se mantenham como estão, em vez de promover uma mudança para melhor. Todo movimento para sair de um lugar para outro gera uma ruptura. A natureza de uma ruptura é trazer uma desarmonia momentânea, por isso é essencial que a ruptura seja realizada com ordem, pois sem ordem não será restabelecida a harmonia do sistema. Pelo contrário, o resultado a ser conquistado pode levar a um estado pior do que o anterior.

Sendo da natureza humana agir de forma ética e organizada, quando diariamente a ética direciona nossas ações, podemos nos considerar livres. Livres da inércia de ver tudo o que acontece no mundo e nada fazer, livres das raízes de nos apoiarmos no que foi feito no passado para nada fazer no presente, livres das paixões animalescas que nos dominam. Quem age de modo ético-organizado é senhor de suas ações, é livre quando resiste a tempestades exteriores, resiste às tentações antiéticas oferecidas pelo mundo, gera um bom fruto para as gerações futuras e age com amor e respeito em tudo à sua volta. Não há homem mais livre do que aquele que sabe agir no mundo com o melhor que tem em si, oferecendo seu melhor todos os dias.

8

O PODER
DA ESCOLHA

Construímos o caminho individual e coletivo através de nossas escolhas. Pela necessidade didática, vou classificar em três fases o nosso processo de escolha:

1. Plano mental
2. Plano emocional
3. Plano do agir

PLANO MENTAL – aqui acontece nosso primeiro processo decisório. A mente organiza as informações que possui, as analisa e levanta as possíveis decisões a serem tomadas. Durante a análise, a mente vai se deparar com as situações:

a. Desconhece a situação
b. Conhece a situação
c. Conhece parcialmente

Se já decidimos inúmeras vezes sobre o mesmo assunto, a mente tende a buscar a sinapse cerebral mais rápida para decidir, mesmo que essa alternativa não seja a melhor. Aqui acontece o que chamamos de decisões racionais, porém, também acontecem decisões irracionais, muitas que nem percebemos. São decisões que a mente tomou para encurtar o caminho na sinapse cerebral, mesmo que tenha se mostrado errada por diversas vezes.

PLANO EMOCIONAL – depois que a mente processou as informações que tem disponível e concluiu o que devemos fazer, a decisão cai até nosso plano emocional. A grande maioria das pessoas decide com base em suas emoções. Nesse momento, a decisão mental vai evocar as emoções que sentimos sobre determinado assunto. Os medos, as paixões, o gostar e o desgostar vão aflorar no campo emocional para conduzir nossas decisões.

PLANO DO AGIR - momento em que as decisões tomadas serão realizadas ou não. Na hora de agir, podemos nos deparar com dificuldades não analisadas pela mente, e nesse momento desistimos da decisão, ou então a chama da paixão emocional se apaga e perdemos o interesse em concluir o que decidimos ser importante.

Podemos escolher errado em todos os planos. Podemos escolher racionalmente um investimento que pareça ser a melhor opção do mercado e algum tempo depois perder grande parte do dinheiro investido. Podemos nos apaixonar por um produto na loja e fazer a compra mesmo sabendo que não precisamos daquele produto, ou então manter um relacionamento que causa danos emocionais por medo da mudança. Podemos decidir não fazer algo porque nos deparamos com algumas dificuldades, enquanto a melhor decisão seria seguir em frente com força de vontade e vencer os obstáculos. Nossas escolhas, certas e erradas, podem gerar um impacto menor ou maior em nossas vidas, em nosso círculo de influência e até ditando rumos para toda uma sociedade.

Somos seres de escolhas e precisamos nos desenvolver e nos capacitar para tomar as melhores decisões, escolhas que sejam boas individualmente e também para todo o grupo social. Todos os dias somos requisitados a tomar dezenas de escolhas, que vão desde a roupa que usaremos, qual será o prato do almoço, se vamos para a academia ou vemos televisão, se colocamos açúcar ou adoçante no café. São pequenas decisões diárias que, quando tomadas esporadicamente, tendem a não causar grande impacto. Porém, quando são repetidas inúmeras vezes todos os dias, têm a capacidade de causar um grande impacto em nossa vida, e são essas pequenas coisas que muitas vezes ignoramos diariamente.

Existem escolhas que não tomamos frequentemente, mas que também geram um impacto ao longo da vida, como a escolha com quem vamos nos casar ou a profissão que vamos seguir. Cada escolha traz intrínseca a responsabilidade, algo que parecemos ter esquecido atualmente. Como povo, reclamamos do governo, do emprego, de estar acima do peso, mas não reclamamos de nós mesmos pelas escolhas que tomamos, e, principalmente, nos esquecemos de que podemos tomar melhores decisões a partir de nossos aprendizados, corrigindo os erros atuais e minimizando a possibilidade de novos erros no futuro.

Devido à tendência que temos em decidir errado no plano mental, emocional e no agir, devemos nos voltar a uma Ética atemporal como o alicerce em que podemos construir ações melhores para o hoje e para o amanhã. Essa ordem ética deve ser o farol a iluminar as nossas pequenas escolhas diárias, que parecem não ter impacto no hoje, mas que geram grandes problemas no futuro. As pequenas escolhas irão nos levar a uma sociedade adoecida pelo materialismo, carente de valores éticos, de pensar, sentir e agir de forma ética. A ética é a parte mais elevada no plano de nossas escolhas, ela deve orientar nossas decisões.

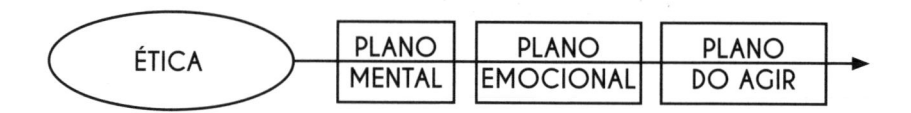

ÉTICA → PLANO MENTAL | PLANO EMOCIONAL | PLANO DO AGIR →

> **Uma ação ético-organizada é aquela que atravessa os planos mental, emocional e da ação. Impõe a ética sobre racionalismos preconceituosos, sobre paixões mundanas e sobre as dificuldades em se viver de forma ética atualmente.**

Precisamos de uma mudança em nossa forma atual de convívio entre os homens e entre o homem e a natureza. É essa forma ética que pode nos conduzir à mudança. Escolher em todas as situações por viver de forma ética é ter o verdadeiro poder de escolha, aquele poder que só cabe aos seres humanos, o grande poder que é tão negligenciado por nós.

9
A LIBERDADE

Como interpretamos a liberdade atualmente? O que consideramos que é "ser livre"? Estaria a liberdade relacionada de alguma forma à condição de se fazer o que quer? Qual é a relação existente entre liberdade e responsabilidade?

Podemos classificar como liberdade o ato de alguém beber e sentar-se ao volante de um carro para dirigir? É livre um adolescente que não dispõe de recursos morais para educar uma criança e financeiros para sustentá-la? É livre um jovem que decide se drogar?

O individualismo em que vivemos atualmente nos levou a tomar caminhos e decisões para justificar nossa má conduta, muitas vezes egocêntrica, como fruto de uma "liberdade de escolha". Liberdade é o ato de ser livre, e libertinagem é o mau uso da liberdade. Corriqueiramente, substituímos essas duas terminologias, classificando como liberdade nossas ações de libertinagem. Mas, afinal, se liberdade significa ser livre, buscamos ser livres de que ou de quem?

Ainda existe trabalho escravo no mundo, mas não é desse tipo de escravidão que vou tratar nestas linhas. Existe outro senhor que nos escraviza todos os dias, e nossa servidão a ele é a responsável pela decadência moral que vivemos. Essa escravidão de que todos somos vítimas é a fonte de guerras, do uso de drogas, da promiscuidade sexual, da violência, da exploração de um ser humano pelo outro. Essa é a verdadeira escravidão para nós humanos, e aquele que se livra dessa escravidão, mesmo acorrentado, pode se considerar um homem livre.

O grande ditador de nossa vida, esse senhor que nos escraviza, é o nosso desejo.

A falta de domínio próprio e a falta da imposição de nossa força de vontade sobre nossos desejos pessoais e passageiros nos empurram para uma vida social em que cada vez mais vivemos escravizados aos nossos próprios desejos egoístas e validamos nossas ações egoístas alegando ser fruto de nossa liberdade.

Como resultado dessa inversão dos valores de liberdade pela libertinagem de se fazer o que se quer, vivemos em um mundo com cada vez mais necessidade de sermos vigiados e reprimidos. Os avisos nos dizem: não fume, não beba, não corra, não mate, não estupre. Chegamos ao abismo social, onde temos que voltar a discutir o básico da convivência humana, onde é necessário um aviso em cada esquina, que serve como a consciência externa dizendo o que não queremos ver com a consciência interna.

Liberdade e responsabilidade andam de mãos dadas. Aquele que faz o que quer sem assumir as responsabilidades sociais não é livre, é um dos piores tipos de escravo — escravo dos seus próprios desejos. Liberdade na condição humana provém daquele que exerce seu poder de escolha, não por seus desejos egoístas, mas por uma ação ético-organizada. Esse ser humano é livre, pois pode controlar seus impulsos e assim busca fazer o melhor que pode em cada situação, o melhor para si e para a sociedade. A ação não é individualista nem irresponsável. Aquele que age de forma ética entende a responsabilidade e o impacto que cada ação sua gera no mundo.

10
TODO MUNDO FAZ

Ao tratar de libertinagem, ou seja, o mau uso dos direitos adquiridos e a falta de responsabilidade com os deveres cívicos, podemos citar dois modos principais de como ocorre a influência: indivíduo e sociedade, e sociedade e indivíduo. Temos grupos e sociedades em que a influência no grupo ocorre a partir do indivíduo. Nessas sociedades, um indivíduo de caráter bem formado, com valores morais elevados, influencia o grupo positivamente.

A sociedade reconhece a importância desse indivíduo e que suas ideias e forma de vida são coerentes na construção de uma sociedade mais justa, e assim a sociedade utiliza-se do indivíduo como modelo para seus demais cidadãos. Em outras sociedades, a influência ocorre do grupo para o indivíduo, e não o contrário. Nesses casos, o pensamento da maioria influencia as ações do indivíduo. Nessas sociedades e grupos, é necessário grande atenção com o pensamento coletivo, pois é mais comum que, quando o pensamento coletivo malformado discuta determinado tema, a decisão encontrada tenha raízes que vão de encontro à escolha mais fácil, não à mais ética.

É recorrente nesses tipos de sociedade o pensamento: "Todo mundo faz isso". Nesses casos, o grupo incentiva o indivíduo a percorrer os caminhos de suas imperfeições em vez do caminho da correção moral. O pensamento do grupo é que, se todos fazem uma coisa, então isso passa a ter validade, sendo até visto como algo comum. O grupo prefere que o indivíduo tenha uma atitude antiética, pois assim todo o grupo não precisa se corrigir, enquanto que, se alguém mostra ao grupo que existe outro modo de fazer as coisas, um modo que não fere nem ao outro ser humano nem à natureza, todo o grupo precisaria se moldar na busca de um modelo melhor para fazer as coisas, pois alguém lhes mostrou que é possível fazer de outro jeito.

Nessa situação, o grupo cai no jogo de que é melhor mudar o outro do que mudar a si próprio. O resultado dessas atitudes é que nada muda, pelo menos não para melhor. Para reformular uma sociedade com padrões mais elevados de ética, temos que abandonar o pensamento de massa de que "todo mundo faz" para um pensamento reflexivo:

> "O que é mais justo e melhor a ser feito neste momento?"

É mais confortável a ideia de que, se todos fazem determinadas coisas, isso passa a ser válido, mesmo que o resultado dessa ação seja uma corrupção, grande ou pequena, como furar uma fila, tirar vantagem em uma negociação ou desviar verba pública. Afirmar que "todo mundo faz" já nasce de uma inverdade, afinal, nem todos fazem, e nos deparamos com pessoas honestas todos os dias. Recordemo-nos também de que o desvio de caráter do outro não nos outorga direito para cometer ações antiéticas e que temos responsabilidades sobre nossas ações, não às de outrem. Então, mesmo quando estiver em ambientes onde alguma atitude antiética seja frequente, negue-se a entrar no mesmo ritmo que todos. Faça de sua força moral o seu modo de vida.

PARTE 2

ÉTICA
E ECONOMIA

"Eu não aceito que a ética do mercado,
que é profundamente malvada,
perversa, a ética da venda, do lucro,
seja a que satisfaz o ser humano"

PAULO FREIRE

11

O DINHEIRO
DO MUNDO

Um estudo da organização Oxfam aponta que existem no mundo 2.153 bilionários, pessoas que possuem um patrimônio acima de 1 bilhão de dólares. Essas pouco mais de 2.000 pessoas possuem, somadas, o mesmo patrimônio de 60% da população da Terra, pouco mais de 4,6 bilhões de seres humanos. Para medir o que são 4,6 bilhões de pessoas, essa é a população de todo o continente Americano, Europeu, Africano, mais China, Indonésia e Paquistão somadas.

Quando planejamos a construção de um mundo mais ético, precisamos considerar como pessoas e governos tratam da riqueza e da distribuição de renda. Hoje as pessoas têm capacidades financeiras melhores do que tinham há cem anos, mas não podemos fechar nossos olhos, já que ainda existem 1,3 bilhão de pessoas pobres no mundo.

No Brasil, o número de miseráveis chega a 13,5 milhões de brasileiros, mais do que a população total somada dos estados de Mato Grosso, Tocantins, Espírito Santo e Rio Grande do Norte. Esses miseráveis, conforme aponta o IBGE, são pessoas que vivem com menos de R$ 145,00 mensais, conforme o cálculo de paridade de poder de compra.

É parte de nosso trabalho ético lutar para que mais seres humanos tenham uma vida digna. Que seus direitos básicos como alimentação, moradia, segurança e educação sejam atendidos e, para isso, é preciso repensar nossa relação com a criação de dinheiro no mundo.

Os índices que medem o número de miseráveis no mundo considera pessoas em extrema pobreza, com os dados de 2018, aquelas que ganham menos de US$ 1,90 por dia, ou seja, o equivalente no Brasil a R$ 145,00.

Uma das formas de aumentar a renda das pessoas é através do processo educacional. Ao longo das décadas, a educação se mostrou como pilar fundamental para construir uma nação forte, competitiva economicamente e que ofereça melhores condições de vida às pessoas.

Nesse novo século não basta apenas se educar em uma época da vida. A educação que antes preparava os jovens no ensino fundamental, médio e faculdade — e isso bastava para garantir um emprego e renda ao longo da vida —, hoje não é mais suficiente.

> Estima-se que no futuro profissões como telemarketing, caixa, engenheiro de software, médicos, advogados, contadores e analistas de investimentos serão substituídas completamente ou, pelo menos, parcialmente, pela inteligência artificial.

Nesse cenário futuro, milhões de pessoas serão atiradas de volta ao mercado de trabalho. Elas terão contas a pagar, aluguel, financiamentos, alimentação, educação, saúde. E de uma hora para outra, começarão, quase do zero, a ter que se educar para exercer uma nova profissão.

Esses provavelmente serão profissionais de meia idade ou de uma idade mais avançada, que precisarão competir por uma nova oportunidade no mercado de trabalho. Só que, diferentemente do jovem, que quando busca sua primeira oportunidade tem o apoio financeiro dos pais e poucos compromissos financeiros para honrar, eles necessitarão de anos para aprender uma nova profissão, mas deverão honrar com inúmeros compromissos financeiros sem nenhuma renda para se manter.

Esse cenário profissional é um futuro esperado para daqui cinco ou dez anos, e as mudanças serão constantes daqui para frente. Com o avanço cada vez mais rápido da tecnologia, uma pessoa vai desempenhar diversas profissões ao longo da vida, e seu processo educacional nunca estará concluído.

Para completar o cenário de desemprego de milhões de profissionais nos próximos anos, vemos os governos do mundo todo seguindo direções opostas aos cuidados sociais. São propostas que querem privatizar os sistemas educacionais e de saúde. Com o cenário previsto para o futuro, com pessoas com menos renda, negar o acesso à educação gratuita — a melhor forma de alguém gerar renda — e tirar o acesso à saúde pública, isso condena milhões de pessoas à miséria e à morte.

Como passar por esse cenário garantindo uma vida digna às pessoas nesses momentos de transição? Uma das propostas mais discutidas nos últimos anos chama-se Renda Básica Universal. Durante o ano de 2020, vimos muitos países, inclusive o Brasil, dar uma remuneração para os cidadãos com a finalidade de compensar a perda salarial durante o período de fechamento da economia.

A Renda Básica possibilitaria que, no futuro, em meio as transições de emprego, os profissionais pudessem honrar com seus compromissos financeiros enquanto se preparam para ocupar uma nova vaga profissional.

A renda básica ajuda o sistema econômico como um todo. Aqueles que recebem, devem usar a renda no consumo como uma das condições. Ao consumir alimentos, roupas, moradia, remédios etc., parte do dinheiro retorna ao governo na forma de impostos, diminuindo assim os gastos do governo. No Brasil, estima-se que o cidadão paga em média 41% de imposto ao ano, sendo, em média, 23% de impostos sobre o consumo.

Os valores do imposto depende de produto para produto, mas, como exemplo, vamos pegar um cidadão que paga 23% sobre consumo. Se esse cidadão recebe do governo R$ 600,00 mensais, assim como foi durante a pandemia, R$ 138,00 volta para o governo como imposto. Então é necessário sair R$ 462,00 dos cofres públicos.

Porém, esse retorno em termo de economia é muito maior. Quando o cidadão gasta esse dinheiro da renda básica, ele vai gerar empregos, o consumo vai melhorar a economia e o Produto Interno Bruto do país cresce.

China e Índia tiraram milhões de pessoas da situação de extrema pobreza graças ao crescimento econômico que tiveram nas últimas décadas. Com a situação futura dos empregos e deflação econômica que enfrentaremos nos próximos anos, é urgente pressionar os governos para criar uma medida de apoio aos milhões de desempregados e informais que vivem com baixa renda no país.

A taxação de grandes fortunas no Brasil e no mundo precisam ser revistas. Parte do financiamento da renda básica deve vir das grandes fortunas. A disparidade de patrimônio, que leva 1% da população mundial ter mais patrimônio que 6,9 bilhões de pessoas do planeta, chega a ser uma ofensa histórica para a humanidade.

As ações nesse sentido devem vir com um trabalho em conjunto entre os países, para evitar que bilionários saiam de seus países e levem sua fortuna para paraísos fiscais onde não serão tributados.

Deve acontecer a conscientização dos mais ricos e pressão popular nos atuais detentores de bilhões nas contas, para que suas fortunas sejam revertidas em benefícios humanitários após sua morte, não que sirvam para formar novos herdeiros bilionários.

Assim como os bilionários Warren Buffett e Bill Gates, que doaram boa parte da fortuna acumulada, essa postura deve ser ampliada para cada bilionário do planeta. As fortunas que construíram em vida podem ajudar a salvar milhões de vidas humanas. Que esse dinheiro seja revertido em prol da humanidade.

12
FIM
DA FOME

A Organização das Nações Unidas estima que, em 2018, mais de 820 milhões de pessoas não tiveram acesso necessário a alimentos em todo o mundo. Os números demonstram que 1 em cada 9 pessoas no mundo passa fome frequentemente.

Para aqueles que têm acesso a este livro, provavelmente, se pensar em nove pessoas que conhece, nenhuma delas passa fome. Se pensar em mais nove, também não vai encontrar ninguém. Mas isso não significa que elas não existem, é só um sinal de que os esfomeados do mundo estão próximos um do outro, enquanto o resto do mundo ignora a sua existência.

Por que uma questão como essa deve ser trazida em uma obra que fala sobre ética? Nossa insensibilidade frente às questões como a miséria e fome no mundo precisam ser encaradas como uma falha ética. Ao permitir que semelhantes passem por misérias que podemos unidos superar, isso deixa o campo da economia e entra para o campo da ética humana do bem viver.

Por essas páginas passaremos pelos campos da economia, meio ambiente, política, religião, ciência, empresarial. Mas a finalidade dessa obra não é discutir questões particulares destas áreas, a proposta é, juntos, refletirmos que, sem haver uma ação ética nestes campos humanos, outras ações não serão efetivas.

O que está distante de nossa realidade muitas vezes não consegue gerar a comoção necessária para que possamos sair da inércia comportamental para uma tomada de ação. Quando durante o jantar ouve-se a notícia que crianças na África morreram de fome, a família reunida a mesa se sensibiliza pela dor daquelas crianças do outro lado do oceano, mas essa sensibilidade não se transforma em nenhuma ação concreta.

> A mudança começa pela ação ética, a sensibilidade do indivíduo de concluir que "tem algo errado". É aquela sensação de que as coisas podem ser feitas diferente, que mais pessoas podem ser beneficiadas com a ação humana.

É bem provável que durante a preparação do jantar, alimentos tenham sido desperdiçados, e que mais alimentos sejam jogados fora ao final do jantar. A notícia nos tira o apetite por breves instantes, até que justifiquemos nossa inércia com pensamentos do tipo "estão do outro lado do mundo, eu não posso fazer nada".

Na África, onde mais de 20% da população tem acesso restrito a alimentos, talvez uma ação sua, minha ou do vizinho seja pequena nesse momento, mas há pessoas perto de nós que precisam de ajuda. Como disse, certa vez, Madre Teresa de Calcutá, "Você pode encontrar uma Calcutá em qualquer lugar do mundo se tiver olhos para ver e ajudar". Madre Teresa fez sua missão humanitária na cidade de Calcutá, na Índia, mas não é preciso ir até a Ásia para ajudar quem precisa.

Antes de falar sobre o que nos cabe como cidadãos na luta contra a fome no mundo, é importante desmistificar um ponto sobre essa questão: não há alimentos para todas as pessoas. Pelo nível de informação que recebemos sobre alguns temas, é possível que algumas pessoas pensem que a razão da fome do mundo é pela escassez de alimentos, então, pouco pode ser feito em relação a isso.

A produção de alimentos mundial é suficiente para atender à demanda global de alimentos e garantir que todos tenham suas necessidades calóricas para sobrevivência atendidas. A questão da escassez de alimentos vem principalmente sobre dois fatores: má distribuição e desperdício de alimentos.

A má distribuição de alimentos faz com que muitas famílias não tenham acesso à comida que precisam. Ela acontece pela falta de infraestrutura em alguns países mais pobres e pelo interesse econômico que envolve a venda da produção alimentar.

Vender alimentos nos grandes centros industriais é mais rentável do que enviar para zonas rurais. A população que possui maior poder econômico reside nas grandes cidades, então, é mais lucrativo enviar alimentos para supermercados, restaurantes, centros de distribuição nessas regiões. Essa é a hora que questões econômicas são postas acima de questões éticas. Lucrar em detrimento da fome dos outros não deve ser tolerado. E uma das formas de agir sobre essa questão é evitando os desperdícios.

No mundo todo, estima-se que o desperdício alimentar é suficiente para combater toda a fome. No Brasil, a situação do desperdício não é diferente. A Fundação para Organização das Nações Unidas para a Alimentação calcula que no Brasil 13 milhões de pessoas passem fome, e estamos entre os dez países que mais desperdiçam alimentos no mundo.

O desperdício de alimentos do Brasil acontece em toda a cadeia de suprimentos até a mesa do consumidor. No campo, parte dos alimentos são desperdiçados durante a colheita pela falta de cuidados e treinamento dos envolvidos no processo.

Durante o transporte e manuseio, outras centenas de toneladas serão desperdiçadas. Nos supermercados e restaurantes, mais alimentos são jogados no lixo todos os dias. E o consumidor final é a última peça do desperdício alimentar.

O brasileiro joga comida fora durante o preparo, seja por descuido, seja por desconhecer as propriedades do alimento e como aproveitá-lo melhor. Depois do preparo, toneladas de alimentos também são jogadas fora como sobras que não foram ingeridas.

Esse descuido do campo à mesa onera os custos dos alimentos, e colabora com a falta de alimento para outras famílias. Com alimentos faltando pelos desperdícios que acontecem nas feiras, supermercados e na mesa do consumidor, a distribuição vai privilegiar o envio de comida para esses pontos em vez das áreas rurais, que têm menor poder de compra.

Assim, cada vez que alguém joga no lixo arroz, feijão, frango ou frutas, está contribuindo indiretamente com a falta de alimentos na mesa de alguém. Cada vez que alguém exagera no tamanho do prato de comida, está contribuindo com a escassez em outros pratos. Quando aumenta a demanda de um produto e não temos aumento de oferta, o preço sobe. E com preços menos acessíveis, mais pessoas ficam ser alimentos.

Comprar porções de alimentos maiores do que aquela que vai ingerir contribui com o desperdício, consequentemente, com a alta dos preços e a falta na mesa de outros. Querer que todos tenham o que comer é uma postura ética e de compaixão com a humanidade, essa postura começa revisando a forma como consumimos e continua expandindo nossas ações para áreas mais externas do nosso círculo de influência.

A doação de alimentos por parte dos restaurantes sempre foi um problema no Brasil devido à legislação que responsabilizava os donos de restaurantes, caso a pessoa que recebesse a comida tivesse algum problema. Por causa disso, restaurantes e outros estabelecimentos se recusam a doar comida com medo de que a refeição se estrague em posse do usuário final e lhe cause algum problema de saúde.

O Projeto de Lei 1194/2020 foi aprovado em meados de 2020 e deu origem à lei ordinária 14016/2020. Com essa lei, a responsabilidade do restaurante acaba quando a doação chegar nas mãos do intermediário ou da pessoa final. E a responsabilidade jurídica se aplica apenas nos casos em que o estabelecimento agir com a intenção de prejudicar a saúde das pessoas que receberem a comida.

Cada cidadão brasileiro tem o compromisso ético no combate à fome do mundo. Uma das formas é acompanhando as ações de restaurantes e empresas no combate ao desperdício de alimentos e no combate à fome. Se antes as doações não aconteciam devido à legislação, agora que temos uma lei que não mais responsabiliza os estabelecimentos, devemos apoiar empresas que doam alimentos e ajudam a combater a fome em nossas cidades.

Cuidar do bem-estar dos outros, evitar desperdícios, apoiar empresas e políticos que têm preocupações humanitárias é uma ação ético-organizada.

13
GUERRAS E A EXPANSÃO ECONÔMICA

Durante milênios, as civilizações humanas utilizaram a guerra como forma de expandir seus territórios e aumentar o poderio econômico. Quando era necessário mais terras para plantar ou mais mão de obra para trabalhar, nações iam à guerra na intenção de expandir suas fronteiras ou capturar escravos para o trabalho.

Infelizmente, ao longo da história humana, as guerras foram vistas como algo lucrativo. O império Romano ocupou territórios de três continentes: Ásia, África e Europa. Prosperou durante séculos, investiu na profissionalização do exército, pagando aos soldados salários pelos seus serviços. Com as guerras, civilizações floresceram na Europa, Ásia, África e nas Américas.

Não é necessário expansão territorial para cultivar comida para as pessoas. Com a tecnologia agrícola e a globalização econômica, uma nação pode produzir ou importar toda a comida que precisa para alimentar sua população. A guerra por territórios não tem mais sentido, mesmo assim, continuamos a produzir novas guerras e a lucrar com elas.

A indústria militar movimenta muitas áreas da cadeia econômica, desde a extração mineral até os investimentos em alta tecnologia. Uma bala de fuzil ou uma bomba, quando usadas, precisam que mais sejam produzidas em substituição, e assim a roda econômica continua em movimento.

O século passado foi o que mais matou devido às guerras. Passamos quase um século inteiro em conflitos armados no mundo, alguns que ameaçavam a existência da raça humana. Entre 1914 e 1945, o mundo viveu o período de duas grandes guerras mundiais. Elas envolveram diversos países, um saldo de milhões de mortos e ações monstruosas como o Holocausto.

O avanço tecnológico para criar armas ao final das grandes guerras passou a ameaçar a existência da própria humanidade. Se bombas, aviões, submarinos e tanques já ceifaram milhões de vidas, não apenas de militares, mas também de civis, ao final da guerra, tivemos a energia nuclear sendo usada para a destruição em massa.

O cogumelo atômico se ergueu em Hiroshima no dia 6 de agosto de 1945. Naquele momento, a humanidade demonstrava que havia dominado a tecnologia que podia levar ao seu próprio fim. Seres racionais, como gostamos de denominar nossa espécie, teriam buscado meios para evitar a expansão da energia nuclear na construção de armas.

O que vimos nas mais de quatro décadas que sucederam o fim da Segunda Guerra Mundial foi uma corrida armamentista nuclear capitaneada pelos Estados Unidos e pela antiga União Soviética. Esse período, conhecido como Guerra Fria, ameaçava o mundo com um tipo de guerra nunca antes visto, e que poderia colocar em risco toda a raça humana e outras milhões de espécies do planeta Terra.

Uma frase do físico Albert Einstein exemplifica os riscos envolvidos nas escolhas humanas na utilização da energia nuclear em guerras: "Não sei com que armas a Terceira Guerra Mundial será lutada. Mas a Quarta Guerra Mundial será com paus e pedras." A Guerra Fria nunca "esquentou", as duas nações nunca chegaram a entrar em conflito direto, um conflito com armas nucleares que poderia significar o fim da vida no planeta, mas a corrida armamentista continuou e as guerras também.

Tivemos a guerra do Vietnã, das Coreias, conflitos na África e Oriente Médio. O interesse humano em suas ideologias, crenças religiosas, influência política, foram alguns dos motivadores para que mais pessoas morressem em guerras.

Com o fim da União Soviética, o conflito político-ideológico com os EUA diminuiu, mas as guerras continuaram antes do final do século. A Rússia lutava contra os países que queriam independência, enquanto os Estados Unidos se envolveram na Guerra do Golfo.

Outras guerras, mesmas razões ao longo dos séculos: território, dinheiro, política, religião. As guerras são uma violação ética. A violência é um crime contra a humanidade. Guerras tiram vidas de soldados, que deixam suas famílias para lutar por uma ideologia inventada pelo Estado. Guerras tiram vidas civis que, em suas casas, são expostos ao fogo cruzado e aos mísseis inimigos.

Enquanto alguns ganham dinheiro vendendo armas, os países e a população que sofrem os conflitos ficam com suas economias arrasadas. São pessoas que perdem casas, emprego, passam fome e veem filhos e parentes morrer de desnutrição, sem conseguir fazer nada para mudar a situação. São milhares pessoas que ficam aleijadas nas minas terrestres e explosões, seres humanos saudáveis que têm toda a vida transformada pelos horrores das guerras.

Nesse momento, pessoas estão morrendo pelos horrores da guerra no mundo. Pessoas fogem de seu país em busca de abrigo em campos de refugiados sem a necessária infraestrutura para uma vida digna. A esperança de melhoria abandona o coração dessas pessoas, invisíveis para grande parte do mundo.

> Cabe a nós, como compromisso em viver de forma ética, lutar pela paz acima de tudo. Lutar para que sejam feitos menos investimentos em armas e mais em educação, na formação de seres humanos melhores e mais éticos.

Devemos lutar em prol de uma campanha pelo fim do armamento nuclear que existe no mundo e pelo abandono de novos projetos para construção de bombas atômicas. Lutar para que países mais ricos não se interessem pelos países subdesenvolvidos apenas por seu petróleo, mão de obra ou alimentos, mas em ajudar os que vivem em condições desiguais, muitas dessas condições frutos da colonização feita pelos países mais ricos, ou das guerras levadas por esses países a essas regiões.

Lutar contra o fim das guerras e da desigualdade gerada nessas regiões do planeta não é uma missão fácil ou simples, não quero parecer ingênuo em te propor isso. São muitos interesses que envolvem esses conflitos. Mas assim como aprendemos a utilizar as guerras durante a evolução da sociedade humana, assim como aprendemos a acreditar em ideologias que não são benéficas para nossa evolução social, precisamos passar a acreditar e viver que é possível fazer diferente.

É possível criar um futuro em que seres humanos sejam mais importantes que nações. Um futuro em que pessoas de qualquer região do mundo se preocupem se existe outro ser humano vivendo em condições miseráveis. Que a preocupação não seja quanto um país ganha, mas sim quanto outras pessoas do mundo perdem se o país em que eu vivo se comportar sem ética.

PARTE 3

ÉTICA E MEIO AMBIENTE

"Para a ganância, toda a natureza é insuficiente"

SÊNECA

14
A EXPLORAÇÃO
DO MEIO AMBIENTE

Durante a história humana, a preocupação ambiental nunca foi um dos principais pilares para o desenvolvimento das grandes civilizações. Apesar de muitas civilizações antigas terem uma relação próxima com a natureza, o desconhecimento desses povos, da importância da preservação ambiental, fez com que suas ações gerassem impacto no meio em que viveram.

O início da prática da agricultura, há milhares de anos, permitiu que as civilizações humanas se estabelecessem em um único lugar, formando assim cidades. Com o surgimento das cidades, o ser humano não vai apenas explorar o solo para plantar seu próprio alimento, vai modificar o ambiente natural para construção de casas. Poder se estabelecer em um único lugar, em vez de viver como nômade em busca de alimentos, vai permitir aos humanos criar a base civilizatória com a política, a arte, a religião e a ciência.

Mesmo se desenvolvendo como civilização, a relação de exploração com o meio ambiente não evoluiu por muitos milênios. O solo era usado para a prática da agricultura, minerais e vegetais retirados da natureza e utilizados em construções humanas. Não havia preocupação em contaminar a água ou com queimadas de florestas, utilizadas para limpar o solo antes da agricultura e que geram poluição do ar.

Foi explorando os recursos naturais que se fez o relacionamento da humanidade com o planeta. Em relação ao próprio tamanho da população mundial, estimada em 300 milhões de pessoas no ano zero da era cristã, além da inexistência de produtos industrializados e do menor consumo, os impactos ambientais eram menos sentidos pelas antigas civilizações.

O cenário que nossa geração e as futuras gerações vão viver em relação ao meio ambiente é muito diferente. O planeta hoje oferece recursos para 7,7 bilhões de pessoas. E, daqui há três décadas, estima-se que seremos mais de 9 bilhões.

Precisamos de terra para produzir alimentos para todas essas pessoas. É necessário água não apenas para beber, mas para a agricultura, pecuária e indústrias. A produção industrial injeta na atmosfera toneladas de dióxido de carbono. Nosso consumo gera lixo como plástico e vidro, que o planeta precisa de centenas de anos para decompor.

Apesar de o cenário ameaçador para o futuro da humanidade, a relação nossa com o meio ambiente não evoluiu o suficiente. Não vou dizer que não mudamos muito nossa forma de nos relacionarmos com o planeta nos últimos 50 anos, mas grande parte da humanidade ainda vê sua relação com os recursos naturais como enxergavam nossos ancestrais de 4000 anos no passado, ou seja, o recurso natural existe para ser explorado e transformado no meus desejos.

É nosso compromisso ético a preservação do planeta. É nosso compromisso com as gerações futuras, com milhares de espécies animais e vegetais que vivem no planeta Terra. Esse compromisso só vamos conseguir cumprir com a mudança de nossa postura no consumo, no modo como exigimos que os governos e as empresas impactem menos o meio ambiente com suas ações.

Toda cobrança de uma postura ética começa pela mudança em cada indivíduo. Em relação ao meio ambiente, a principal mudança que depende de nós é a forma como consumimos atualmente. A exploração sem limites acontece para atender uma produção em massa, só se produz porque há pessoas para comprar.

Assim, é preciso matéria prima — petróleo, madeira, cobre, ferro, ouro, algodão, gesso, granito, entre outros — para entrar no sistema industrial e produzir milhares de produtos. Não vou incluir aqui o ônus que causamos ao meio ambiente com o uso de terra para a produção de alimentos. Tanto na agricultura quanto na pecuária, precisa-se de grandes extensões de terra e muitas vezes são desmatadas áreas de florestas para estas práticas, que vai gerar a diminuição de sumidouros de carbono e pode afetar o ciclo da chuva.

Para cada produto que compramos, temos como sócios na compra o planeta, as gerações futuras, a fauna e a flora. O planeta paga pelo que compramos fornecendo matéria prima, que sem ela nada seria possível construir. Para produzir o plástico que faz o copo em que tomamos o café no escritório e depois vai para o lixo, é necessário extrair petróleo, pois o plástico é seu. Já um celular exige do planeta a extração de índio, ouro, cobre, lítio, tântalo, entre outros materiais. Quanto mais complexo o produto, mais o planeta tem uma coparticipação.

As gerações futuras são sócias sobre os produtos que compramos, porque cedem, mesmo sem ser uma escolha delas, seus direitos de possuírem bens no futuro para que possamos consumir agora. Como muitos dos recursos que tiramos hoje da natureza não são renováveis, nosso consumo indiscriminado no presente representa a falta deles no futuro. Seja pelo esgotamento do recurso ou porque o recurso tornou-se tão raro, que produzir o produto se torna caro, e assim o acesso fica restrito.

A fauna e a flora pagam com suas vidas pelo nosso consumo. De acordo com a União Internacional para a Conservação da Natureza (UICN), os dados de 2018 apontam que mais de 26 mil espécies estavam ameaçadas de extinção. Além do impacto de nossa ação no mundo levar milhares de espécies a deixarem de existir, temos também a diminuição da população de peixes, anfíbios, aves e répteis.

Qualquer produto que compramos afeta os três pontos acima, mas, ainda assim, antes de consumir, pensamos apenas em nós. Considerando que grande parte da humanidade pensa apenas nas suas necessidades antes de comprar, ignorando que o planeta é um interessado, as gerações futuras são interessadas, a fauna e flora são interessadas, vamos pensar como você paga por um produto.

Talvez algumas pessoas respondam que pagam com dinheiro, outros com cartão. Eu quero que você pense que paga com sua vida cada coisa que compra. Claro que é diferente de uma espécie que teve seu habitat destruído para a extração de matéria prima. Nós, quando precisamos comprar algo, não perdemos toda a nossa vida, mas deixamos parte dela na forma do tempo de vida.

Cada produto consumido tem um preço. O dinheiro que a maioria das pessoas utiliza para comprar bens de consumo vem da sua atividade de trabalho. Então, vamos supor que alguém tenha uma renda líquida por mês de R$3.000,00. Essa é uma renda per capita superior à média de qualquer estado brasileiro. Essa pessoa decide trocar de celular e se encantou com um novo modelo recentemente lançado que custa R$6.000,00 nas lojas.

Essa pessoa tem uma jornada de 180 horas mensais para receber — já livre de todos os descontos — seu salário. O valor do bem que ela vai consumir representa 360 horas de trabalho. São 360 horas de vida que essa pessoa vai trocar para adquirir um novo celular.

E quando somamos todo o tempo de vida que deixamos em tudo que compramos? Será que trocar nossa vida apenas para consumir mais e mais vale a pena? São horas que perdemos com a família e amigos, que deixamos de cuidar da saúde, são horas de lazer. Tudo isso é trocado pelo aumento do nosso consumo e, no final, essa conta quem paga não somos apenas nós, é todo o planeta.

Não quero promover aqui que você deva parar de consumir e viver como ermitão. Meu convite é para praticar um consumo mais consciente das reais necessidades. Esse consumo consciente é uma postura ética com as futuras gerações e com nossa relação com o planeta. É se importar em como o planeta vai recuperar seus recursos naturais. E para isso ser possível, temos que repensar imediatamente nossa forma de consumir.

Busquemos consumir de organizações que aplicam políticas sérias para preservação do meio ambiente. Uma política séria não é aquela que é feita para promover a marca como "amiga do meio ambiente". Ela envolve desde a escolha dos fornecedores, preocupação e restauração do impacto ambiental causado pela empresa, incentivo à reciclagem e logística reversa dos produtos fornecidos pela empresa quando estes forem para descarte, e educação do consumidor para o consumo consciente.

> Começamos pelo nosso consumo, e continuamos nossa ação pressionando empresas e governos para implementarem políticas que preservem o meio ambiente e garantam um futuro com qualidade de vida para as futuras gerações.

Sem mudar a nossa forma de consumir e a forma das empresas venderem, não garantimos nem empresas, nem consumidores no futuro. Atuar de forma ética no meio ambiente é preservar a qualidade de vida daqueles que virão.

15
O FUTURO

A relação ética com o meio ambiente é a única coisa que pode garantir um futuro digno para as espécies do planeta. Colocamos em risco o futuro não apenas da raça humana, que por sua habilidade de adaptação tem boas chances de superar catástrofes climáticas, mas com um grande número de vidas perdidas. Ainda assim, a raça humana tem mais chances de superar desafios que muitas outras espécies.

Nossa ação descontrolada coloca em risco milhões de anos de evolução da vida no planeta. A poluição, o descaso, os maus tratos são uma ofensa ao trabalho de gerar vida que o planeta fez ao longo de sua existência. Foram bilhões de anos de evolução para a vida se encontrar no degrau que se encontra hoje, e que ameaçamos com poucos séculos de uma exploração desmedida e exagerada.

Ao assumir a postura de que vivemos agora na Terra, por isso ela é nossa e podemos fazer e explorar da forma que bem quisermos, não nos sensibilizamos que as vidas futuras têm o mesmo direito que nós de usufruir e viver bem no planeta. Mas nossa forma de consumo vai comprometer o futuro deles.

> Existe um provérbio dos índios norte-americanos que diz: "Nós não herdamos a terra dos nossos antepassados, nós a pegamos emprestada de nossas crianças". Esse ditado contém uma sabedoria e responsabilidade com o futuro que esquecemos em nossa cultura.

Ao assumir uma postura como os índios, e que estamos apenas emprestando a terra para usá-la por enquanto, mas no futuro temos que devolver para as próximas gerações, teremos o compromisso de cuidar, pois a natureza não nos pertence e devemos devolver as coisas que tomamos emprestado.

A vida humana é muito breve em termos naturais. Se compararmos, um ser humano tem uma expectativa de vida entre 75 e 80 anos. Uma jazida de petróleo, estima-se, leva entre 10 milhões a 400 milhões de anos para se formar. A jazida de petróleo mais nova que poderíamos encontrar é dezenas de vezes mais velha que a espécie Homo sapiens.

A consciência da brevidade de uma vida humana talvez seja o que nos faça olhar com tanto desleixo para o futuro. Se no ano 2100 não estarei vivo, por que vou me preocupar com a situação que estará o planeta? Infelizmente, muitos pensam dessa forma.

Temos a obrigação de nos preocupar com o futuro do planeta, porque ele não é nosso. A natureza não preparou o planeta por 4,5 bilhões de anos para você ou eu, nascermos, retirarmos tudo o que desejamos, morrer logo depois, e deixar o lugar mais inabitável do que era antes do nosso nascimento.

Mas é exatamente assim que a humanidade vem se comportando. Ao longo dos anos, tratamos de retirar da natureza tudo o que desejamos, de acordo com a possibilidade dos recursos financeiros que alcançamos. Nem todos podem trocar de roupa, carro, móveis com a mesma frequência. Alguns, infelizmente, nem mesmo tem o que comer diariamente.

Para os que conquistaram algum patrimônio e podem usufruir de mais qualidade de vida, pensem em como suas atitudes podem contribuir ou dificultar a vida no futuro do planeta. Muitas correntes de pensamento já promovem viver de forma mais minimalista. Em vez de trocar todo seu tempo de vida para ganhar dinheiro e adquirir produtos que logo serão descartados, gerando lixo e escassez de recursos, que tal consumir menos e melhor?

Em vez de ser manipulado pela próxima promoção de marketing, por que não ser uma peça fundamental na promoção de um consumo consciente? Alguém que, através do círculo de influência, impacta positivamente o meio ambiente e, como consequência, apoia que futuras gerações possam viver com qualidade no planeta.

Nossas ações no presente são os impulsos que constroem a ponte para o futuro. Não temos o direito de condenar aqueles que ainda não nasceram com nossa forma de consumo descontrolada e voltada para satisfazer pequenos desejos pessoais. Desejos que muitas vezes nunca foram nossos, são apenas frutos de uma publicidade direcionada para fazer você acreditar que precisa de algo, que certo consumo pode te fazer mais feliz.

A felicidade reside na ética de saber que seu consumo controlado apoia a vida de outras pessoas que você não sabe o nome ou reconhece o rosto. Pessoas que estão por nascer, mas que o bem viver delas depende do seu comportamento hoje. Desfrute da felicidade que vem da realização de fazer algo em prol de outras pessoas, não a felicidade amarrada em nossos pequenos e passageiros desejos. A vivência dessa felicidade coletiva permite que outros sejam mais felizes no futuro.

PARTE 4

ÉTICA
E POLÍTICA

"A ordem política é fruto de
uma ordem ética."

CONFÚCIO

16
MENOS CORRUPÇÃO
INSTITUCIONALIZADA

Para haver um ato de corrupção, dois agentes são necessários: o corruptor e o corrupto. O corrupto é assim chamado porque em algum momento aceitou ser corrompido, enquanto o corruptor em algum momento assumiu uma disposição para corromper.

Durante uma relação que envolva a corrupção de uma ou mais pessoas, as posições de corrupto e corruptor muitas vezes se mesclam e até se invertem. Observemos a situação hipotética:

Mário é um sujeito influente em uma instituição pública e quer uma vaga de emprego para seu filho na empresa "Nossa alegria, sua alegria". Para isso, ele entra em contato com o administrador da empresa citada e informa que pode beneficiar a empresa "Nossa alegria, sua alegria" em uma licitação pública e que gostaria de saber se o dirigente da empresa não poderia fazer o mesmo pelo seu filho em uma contratação dentro da empresa, afinal, "uma mão lava a outra". Ricardo, administrador da empresa "Nossa alegria, sua alegria", após conversar com seus outros sócios, decide que a licitação é importante para o fluxo de caixa da empresa, então, na semana seguinte, chama o filho de Mário para uma entrevista de emprego e arruma uma vaga recém-criada na companhia. Após alguns dias, Ricardo liga para o pai do seu funcionário, perguntando se está tudo certo com o negócio que havia sido tratado para a próxima licitação.

Utilizei-me de um exemplo simplista para elucidar a ideia de que as posições de corrupto e corruptor andam juntas e muitas vezes se invertem durante os processos diários de corrupção, não só aqueles que presenciamos, mas também aqueles em que participamos, conscientes ou inconscientes disso. Vejamos como ficou a situação entre Mário e Ricardo:

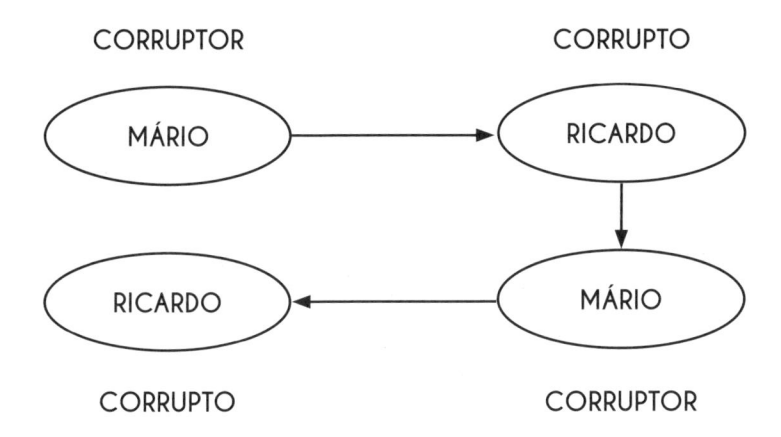

```
        CORRUPTOR                    CORRUPTO

         ( MÁRIO )     ────────▶    ( RICARDO )
                                          │
                                          ▼
        ( RICARDO )   ◀────────     ( MÁRIO )

         CORRUPTO                    CORRUPTOR
```

A figura acima ilustra o processo cíclico e continuado da corrupção que parte de um corruptor e volta para ele agindo na função de corrupto. Mário busca um benefício próprio — ter o filho empregado —, a natureza corrupta está nele, porém, ele precisava de um meio para exercer essa corrupção, então assume a postura de corruptor e induz outro indivíduo a se desviar da conduta ética. Nesse momento, a corrupção poderia ser evitada, desde que Ricardo não aceitasse a oferta. Porém, em busca de tirar algum proveito da situação, Ricardo aceita ser corrompido e contrata o filho de Mário, em busca do benefício prometido. Assim, fecha o primeiro ciclo de corrupção, em que Mário consegue o benefício que buscava. O ciclo continua com as posições invertidas, quando Ricardo — nesse momento na posição de corruptor — cobra o benefício prometido por Mário, que vai ser o corrupto ao conceder o benefício.

Outro ponto a ser observado é que Mário assumiu a posição de corruptor porque antes disso Ricardo não havia lhe oferecido um benefício em troca, porém, vemos que a intenção de Mário era ter o filho empregado pela empresa "Nossa alegria, sua alegria". Se Ricardo tivesse feito essa proposta para Mário, a corrupção também teria acontecido, porém, sendo Ricardo o corruptor de primeiro grau e Mário, o corrupto.

Vemos, assim, que a situação de corruptor e corrupto está ligada e, quando tratamos de um, temos que necessariamente tratar do outro. Falar de corrupção e nomear como culpado apenas aquele que aceita algum tipo de suborno é deixar de lado parte do processo de corrupção. Não atribuir devida importância e punição àquele que corrompe é permitir que a corrupção continue a acontecer.

> Focar apenas no corrupto é tirar uma fruta podre do pé, porém, o problema está no tronco da árvore — uma árvore que vai continuar a produzir maus frutos.

Esses frutos podres se espalham pela árvore até uma hora em que não distinguimos mais os bons frutos dos maus frutos. E pior, começamos a nos alimentar do que está apodrecido. De início, até reclamamos do sabor, sentimos um cheiro de podridão no ar, fazemos cara feia e não queremos mais comer.

Jogamos fora aquela fruta e pegamos outra no pé, outra podre. Depois de várias tentativas, começamos a acreditar na mentira de que aquilo é o normal. Aquele cheiro de coisa podre, de fruta estragada, que no começo nos dava indigestão e nos recusávamos a comer, aceitamos, afinal, sentimos fome de algo, e nossas necessidades básicas nos cegam de que existem oportunidades melhores, que nem toda fruta é podre, mas que precisamos de trabalho para escolher a boa e para tirar do pé as ruins. Há casos em que talvez uma nova árvore tenha que ser plantada, mas ficamos com medo de morrer de fome, de não ter o que comer se aquela árvore for removida. Preferimos comer algo podre a usar nossa força de trabalho para plantar o que comer, e assim a podridão da árvore se espalha para nós.

Alimentar-se de frutos podres é ingerir porcarias todos os dias. Alimentamo-nos de uma arte contemporânea medíocre, uma música que prega baixos valores morais, notícias manipuladas, pensamentos de massa que compartilhamos diariamente. Comemos o fruto do ódio pelo diferente, o fruto do fanatismo, o fruto da preguiça, o fruto da vulgaridade e da promiscuidade. Comemos o fruto da corrupção, e no final acreditamos que esse é o único alimento que temos para comer. Se não plantarmos algo novo com urgência, cada vez mais os frutos da corrupção humana nascerão da árvore de nossas ações, comeremos desse fruto e seremos vítimas dos malefícios físicos e psicológicos que esse fruto tem a nos causar. Cada vez mais seremos uma sociedade doente física, psicológica e moralmente.

O crescente número de farmácias e drogarias nas cidades nos lembra disso em cada esquina, cada vez mais nos tornamos uma sociedade adoecida. Sintomas físicos aparecem de doenças que não são identificadas pelos médicos, problemas psicológicos crescentes, drogas farmacêuticas são prescritas por médicos como se fizessem parte de uma dieta alimentar. Passamos ansiedade, depressão, síndrome do pânico, e usamos como tratamento para tudo isso drogas lícitas e ilícitas, violência, fanatismo, televisão e internet, qualquer coisa que nos distraia da podridão à nossa volta. O resultado é uma sociedade dependente física e psicologicamente, alienada em ideias construídas em falsos alicerces, que aceita a corrupção desde que encontre algum conforto com isso.

"Por seus frutos os conhecereis." (Mateus 7:16)

Se colhemos corrupção, é porque em algum momento plantamos corrupção. Uma semente que não foi plantada não pode germinar. Do mesmo modo, se honestidade, generosidade e altruísmo são gestos pouco observados na atualidade, é porque não estamos plantando essas sementes. É simples começar a dar um rumo diferente para o futuro, porém, continuamos a plantar as sementes erradas. Sementes com o germe da corrupção darão novos frutos de corrupção no futuro.

Onde, afinal, estão essas sementes boas e ruins? Em cada um de nós. Se pegarmos uma semente de ódio e a plantarmos em nosso coração, teremos como fruto a raiva, o preconceito, o fanatismo. Se pegarmos a semente do amor e plantarmos em nosso coração, teremos como fruto a união, a generosidade, o altruísmo. Quando essas sementes germinarem em nós e derem seus frutos, seremos capazes de alimentar a outros com eles. Quais frutos damos ao mundo? Nenhuma terra fica infértil. Se nada for plantado, as ervas daninhas tomarão a Terra. Assim é a mente humana: se não for ocupada para produzir bons frutos, maus frutos serão produzidos.

Quais são as situações em que somos corruptos e corruptores em nosso dia a dia? Vemos a corrupção externa vindo como uma doença a corroer os órgãos públicos e privados, levando essas instituições à beira da falência. Vivemos em uma sociedade doente por essas mesmas razões, queremos ver esses problemas ou continuar agindo como se nada diferente estivesse acontecendo. Diariamente, o empobrecimento ético que vivemos vem estrangulando nossa alma, caímos em um mar de lama e estamos cobertos até o pescoço. Como resultado de nosso modo de vida, buscamos meios de fuga, caminhos que só reforçam a forma egoísta de encarar os problemas atuais. Fugas que, em vez de algum tipo de solução, só jogam mais lama e sujeira na sociedade.

A busca por governos mais justos e éticos nasce da ação individual, iniciando a limpeza por nossa própria corrupção. Em meio à nossa própria sujeira, dificilmente identificaríamos aqueles que também estão sujos. Ou você tem discernimento para escolher entre o que é um fruto bom ou vai continuar comendo a porcaria estragada que será oferecida todos os dias. O discernimento necessário não baterá à sua porta, deverá ser conquistado por seu próprio esforço através da ação ético-organizada em seus pensamentos, sentimentos e atitudes. Com esse trabalho, aos poucos o discernimento será conquistado. Aqueles que conquistam em algum grau o discernimento são menos vítimas das alienações sociais existentes no pensamento coletivo, deixam de ser marionetes para assumir uma postura ativa frente à vida, selecionam os bons frutos, recolhem as sementes e voltam a plantá-las para que deem mais frutos bons no futuro. Se busca em algum grau um mundo menos corrupto, procure primeiro em você por suas corrupções e as remova de seu ser.

FISICAMENTE:

Que tipo de corrupção física você comete com frequência? Considere as corrupções que faz com seu próprio corpo: conhece qual é a sua quantidade de sono ideal? Quantidade ideal não significa dormir muito, assim como não é ficar noites em claro. Conheça a justa medida para que você possa produzir bons frutos. Sem energia, a apatia e a inércia serão os seus guias. Não durma demais nem de menos, e, se precisar ficar noites em claro, que seja para produzir bons frutos, não maus frutos, com sua energia.

Quando se alimenta, como seleciona a quantidade e a qualidade dos alimentos que vão para a sua mesa? Não corrompa sua saúde pelos seus apetites à mesa, lembre-se de que você pode provar de tudo e ter uma boa saúde, desde que não se apaixone pela comida, comendo exageradamente e com frequência desigual alimentos que corrompem o bom funcionamento dos órgãos de seu corpo.

Não corrompa a sua saúde física com o uso de produtos ilícitos, evite a automedicação e procure junto ao seu médico alternativas naturais para que você não se torne dependente de remédios farmacêuticos, salvo o caso de doentes que não possuem outra alternativa.

Elimine a violência física contra si mesmo, contra o outro e contra a natureza. A flor é mais bonita no jardim do que dentro de um copo com água em sua cozinha, assim como o pássaro é mais bonito livre do que preso em uma gaiola.

Não corrompa a limpeza dos ambientes e não incentive outros a fazerem.

EMOCIONALMENTE:

Não corrompa suas emoções com raiva, rancor, inveja. Ser humilde é manter os pés no chão, saber que outras pessoas erram e nós também erramos. Ter rancor e raiva pelos erros dos outros é uma grande tolice, cada qual deve corrigir os próprios erros, e é mais saudável para nós e para nossa sociedade aprender a perdoar e desenvolver o amor. Quando sentir inveja, busque aquele sentimento oculto de admiração que tem pela pessoa da qual sentiu inveja e substitua esse sentimento negativo pela admiração. Muitas das doenças que nos abatem vêm do campo psicológico, e a má organização desses sentimentos reflete em ações corruptas. Gerar intrigas, cultivar ódios, ter atitudes luxuriosas, são veículos pelos quais a corrupção se espalha socialmente. Vigie essas emoções atentamente. Vemos o papel caído no chão com mais facilidade do que o preconceito jogado nas ruas de nossas emoções.

MENTALMENTE:

Se começássemos a varrer a corrupção em nós, seria em nossos pensamentos que encontraríamos a maior sujeira. Ali nascem muitas das ideias que dão origem a ações antiéticas. Na mente, somos manipulados por correntes de ideias preconceituosas, cultivamos o separatismo. Nosso pensamento cria a ideia de que somos diferentes do outro, de que alguns são melhores do que outros, enquanto, em essência, é isto que importa quando tratamos de ética: somos iguais.

Essa ideia de achar que eu sou um e o outro não tem nada a ver comigo é fonte de alimento à nossa corrupção. Se compreendêssemos a verdade por trás das formas, encontraríamos um ponto de união de todas as coisas. Corrupção vem quando só se busca benefícios próprios e não há um senso de responsabilidade com o todo. É necessário limpar os pensamentos corruptos para que não germinem em ações corruptas no futuro. O pensamento é a raiz que vai fornecer os nutrientes para os frutos que vamos deixar no mundo: "Por seus frutos os conhecereis." Mateus 7:16

Não alimente pensamentos corruptos, empurre para longe pensamentos que sirvam apenas para benefício próprio em detrimento do coletivo, não corrompa a sua mente com ideias preconceituosas, não corrompa seus pensamentos em conversas que semeiem a discórdia ou falem mal de outro indivíduo. Ocupe sua mente com ideias que busquem um benefício e uma evolução para o coletivo, fale com justiça e pense com amor no outro ser humano. Ocupe-se de leituras e músicas que inspirem paz e harmonia, não a desordem e os instintos. Ordenando a mente com bons pensamentos, os frutos que você produzir poderão ser consumidos sem causar mal a outrem.

Comecemos por nós o trabalho contra a corrupção, não sendo corrompidos e não corrompendo outros. Uma vida ética deve ser vivida pelo amor, não pelo temor. O ser humano que exerce seu direito de viver dignamente, mesmo em meio à corrupção, faz ações justas não pelo medo de uma punição, mas porque sabe que isso é o correto a fazer e exerce sua liberdade quando escolhe o que é bom. Devemos combater a corrupção iniciando pela corrupção que fazemos a nós mesmos, em nossa família e no funcionalismo público e privado, cada um exercendo seu direito de viver de forma ética. E assim construir uma nação ética.

17
ORDEM ÉTICA
E POLÍTICA

O termo "política" deriva do grego "polis", que significa "cidade". Portanto, político é aquele que se preocupa com a cidade. Aquele que coloca os interesses da cidade acima dos seus interesses pessoais era chamado de político na Grécia Antiga.

Quanta semelhança podemos encontrar na atualidade entre a origem da palavra com a atuação política hoje? Podemos usar a origem da palavra como uma orientação inicial para saber se alguém é político realmente, ou seja, coloca os interesses da cidade ou Estado acima dos seus interesses pessoais, ou se é alguém simplesmente interessado em obter vantagens particulares, indiferente aos efeitos sociais que suas medidas vão refletir. A proposta para o final deste capítulo é refletir se aqueles que se candidatam a cargos públicos no executivo ou legislativo possuem a característica de buscar o bem comum, priorizar a cidade em detrimento de seus interesses pessoais ou se suas ações e discursos os conduzem para seus próprios benefícios.

Questões para se refletir antes de escolher:

→ **Quanto ao candidato que se propõe ao cargo**

Ele já foi incriminado anteriormente? Quais crimes? Como foi o resultado das investigações? Quem estava envolvido? Houve punição justa? O candidato fez algo em seus mandatos anteriores que tenha deixado o país melhor?

→ **Sobre os projetos anteriores que o candidato apresentou**

Foram concluídos? Como foi o andamento das obras? O orçamento foi cumprido? O prazo foi cumprido?

→ **Quanto às empresas envolvidas nas obras que o candidato realizou enquanto esteve no cargo**

As empresas têm investigação em algum tipo de suborno? Como foi o resultado das investigações? Os indiciados estão na empresa?

→ **Quanto às alianças partidárias**

Os partidos que apoiam o candidato podem ter algum interesse além da ideologia partidária? Os partidos que apoiam o candidato já tiveram membros indiciados criminalmente? Onde estão agora os membros do partido que foram condenados?

→ **Quanto aos apoios econômicos**

Quais são os interesses das empresas e pessoas que apoiam o candidato? O candidato poderia tomar partido com alguma medida que favorecesse essas empresas e prejudicasse a população? Quais candidatos essas empresas já apoiaram? Como foi a gestão dos candidatos anteriores apoiados por essas empresas? Os candidatos anteriores continuam com o apoio dessas empresas?

O intuito de realizar esse filtro em nossos candidatos é para melhor eleger, encontrar frutos podres que podem se disfarçar atrás de uma bela imagem criada para a campanha. Campanhas políticas não acontecem de forma ingênua, então não sejamos ingênuos em meio a tudo isso. São realizadas pesquisas de opinião pública para saber o que as pessoas querem. A imagem dos candidatos e os discursos são criados para conduzir a escolha da população de que o candidato X será a solução para todos os problemas, argumentação manipulativa que utiliza dos recursos da dor e do prazer para levar a população a tomar decisões.

Já refletiu quantos candidatos te falam sobre desemprego? Eles estão utilizando o recurso manipulativo do medo através de uma dor que você quer evitar para fazer você tomar a decisão que eles querem. Ou, então, aquele candidato que te oferece "mundos e fundos", diz que vai trazer uma nova empresa para a cidade, uma faculdade gratuita, novo hospital ou qualquer outra coisa que alguém tenha respondido em uma pesquisa. Cuidado com a manipulação pela dor/perda ou pelo prazer/ganho, o ser humano não é um cão de estimação para ser levado de um lado para o outro apenas por esses dois impulsos.

No fundo, sabemos que essas promessas não podem ser materializadas de uma hora para outra, e que são necessários recursos para elas acontecerem. Por isso é necessária uma investigação prévia dos feitos do candidato antes de votar. Muito mais poderia ser feito em nosso país se tanto dinheiro não fosse desviado pela corrupção. Para evitar que tanto se perca em mãos corruptas, é preciso analisar com mais profundidade os candidatos e estar pronto a entender que as coisas não vão mudar com um passe de mágica. A crença de que tudo vai mudar apenas trocando o candidato — ou mantendo o mesmo — é o que nos faz escolher pelo que faz as melhores promessas, em detrimento daquele que tem melhores credenciais para o cargo.

Como disse Confúcio, "A ordem política é fruto de uma ordem ética". Para instalar uma ordem política em nosso país, com um governo de cidadãos que se preocupem mais com o Estado do que consigo mesmos, precisamos eleger cidadãos éticos, dispostos a fazer imperar um governo justo, políticos que sejam preparados a ser políticos, educados na ética e nas áreas do saber em que vão atuar servindo a cidade.

> Governo não é um cabide de emprego, o ato de governar deve estar nas mãos daqueles que estão dispostos a se sacrificar pelo bem comum.

Talvez você já tenha ouvido aquela conversa: "Vou me candidatar a vereador, aí fico sossegado, ganho bem e trabalho pouco." Esse não é um político nem alguém que queremos ter como vereador ou em qualquer outro cargo público. Não precisamos de sossegados na política, precisamos de incomodados, pessoas que enxerguem que a cidade e o Estado têm seus problemas e quem sofre são as pessoas e estejam dispostos a perder noites de sono quando necessário para fazer algo para mudar a situação de onde vivem.

Temos muitos assim espalhados pelo Brasil, pessoas que se dedicam a melhorar a vida de outros, pessoas que melhoram um pouco o lugar por onde passam. Fazem gestos de limpar uma praça, levar um prato de comida a um morador de rua, combater o preconceito. Fazem não por interesse próprio, mas pelo bem geral. Por outro lado, também vemos os que fazem algo ou apoiam uma causa, porém, o fazem porque enxergam benefícios que podem desfrutar no presente ou no futuro com seu apoio. O primeiro tipo é político, mesmo sem exercer qualquer cargo formal; o segundo tipo não é político, mesmo que tenha sido eleito.

18

REFLEXO

> "Assim como é em cima, é embaixo; assim como é embaixo, é em cima." Máxima hermética

Muita verdade fica oculta através dessa máxima, caminhos para a compreensão dos fenômenos em vários planos. Porém, não me cabe tratar desse tema neste momento, nem nesta obra. Não chegarei tão longe como uma viagem às estrelas para explicar a correlação delas conosco. Irei me atentar a ser mais simples e conciso, trazendo essa máxima para o plano de nosso cotidiano e nossa relação política.

Vamos supor que a pirâmide acima seja nossa forma de governo dividida em duas partes: uma base, composta por eleitores e responsáveis no sistema democrático a eleger seus governantes, e, no topo, aqueles que foram eleitos pela base.

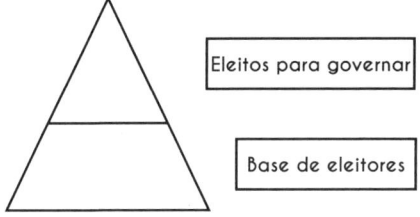

Eleitos para governar

Base de eleitores

Entre a base e o topo da pirâmide existe uma constante troca de informação/interesse. Quem vota, elege o governante considerando o que ele vai fazer para defender seus interesses, ao mesmo tempo que o governante direciona o eleitorado para votar no que ele considera importante. Essa troca constante de informação e interesse molda nosso sistema democrático. Base e topo da pirâmide estão intimamente ligados, um precisa do outro e um reflete no outro seus interesses. Nesse ínterim, uma base de governo é um reflexo micro dos interesses e costumes de determinada nação, assim como uma nação é o reflexo macro das formas de governo de um país. Cara e coroa de uma mesma moeda.

Esse é o momento em que talvez você pense: "Eu não sou reflexo de um sistema político corrupto." Mas os que foram eleitos são um reflexo do povo brasileiro, sendo eles um reflexo nosso. Você, eu e todos os demais também somos, de algum modo, reflexo desses políticos, seja pela nossa ação, omissão ou corrupção. Talvez não seja fácil encarar que a corrupção no escalão do governo vem através de nós, ainda mais em um momento com tantos escândalos vindo à tona, porém, somos os responsáveis pelo que acontece nas salas dos governantes, afinal, outorgamos a eles o direito de nos representar. São um pequeno grupo de pessoas que vai defender o interesse de milhões.

Então, por seleção, esse pequeno grupo carrega virtudes e defeitos de milhões, por isso suas ações podem ser muito belas ou muito desprezíveis. O que seria se 140 milhões de eleitores levantassem no dia de hoje e decidissem pegar para si um único real que não lhes pertence? Esse real poderia vir de um troco errado, de um favorecimento, de um furto. Se cada um resolvesse pegar para si algo que não é seu, terminaríamos o dia como um país melhor ou pior? E se, por outro lado, 140 milhões de eleitores acordassem no dia de hoje e decidissem fazer algo para melhorar a vida de alguém? Terminaríamos o dia como um país melhor ou pior?

Posso estar errado, mas não acredito na hipótese de que esses 140 milhões de eleitores se levantam todos os dias pensando em meios de conseguir se apropriar de algo que não é seu. Acredito que a grande maioria, quando se levanta, pensa em como gostaria de ver as coisas melhores para sua cidade e para o país em que vive. São brasileiros que esperam que a violência urbana chegue ao fim, que esperam que as filas nos hospitais públicos acabem e todos tenham acesso a um sistema público de saúde digno, que sonham com o fim dos desvios de verbas das obras públicas e com a conclusão da construção de creches, escolas e rodovias, obras que começam a ser construídas e aguardam a conclusão até um novo mandato do candidato eleito. Isso quando não são abandonadas, transformando seu dinheiro em entulho. Esses brasileiros sonham com que o dinheiro de seus impostos cheguem à merenda escolar em vez de ser desviado para outros interesses.

Esses 140 milhões de eleitores são bons brasileiros com bons sonhos, agora é nossa hora de acordar. Apenas ter bons sonhos não constrói uma nação, é preciso muita ação e trabalho. Não qualquer trabalho, mas um trabalho com uma visão de futuro, uma visão coerente, com mais justiça e beleza do que o que vemos hoje. É um trabalho longo, pois construir uma civilização não acontece durante um mandato, fato esse que faz com que desconfiemos de propostas fantasiosas que prometem grandes transformações sociais em pouco tempo. O mais provável é que se tratem apenas de propostas que endereçam sua comunicação para nosso desejo, nossa impaciência e ansiedade.

A construção de uma civilização não leva o mesmo tempo que apertar duas teclas na urna eletrônica e em seguida o botão "confirma". Muito pelo que devemos lutar será nossa herança para as gerações futuras, mais nelas do que em nós devemos pensar ao guiar os passos de nossas ações. Pensando apenas em nós, continuaremos a eleger aqueles que só pensam em si mesmos. Políticos que não são políticos. Estão no governo por uma aposentadoria, um salário alto, pelas vantagens que o cargo lhes proporciona.

Trabalhar para construir um futuro melhor para as próximas gerações é um compromisso nosso, viver apenas para satisfazer nossos desejos passageiros vai minar nosso futuro e o das próximas gerações. É urgente o trabalho para uma reforma de valores sociais, humanizar as escolas, os órgãos públicos e privados, gerar a partir da ética um convívio humano melhor, encontrar candidatos que estejam alinhados com essas demandas sociais, não que busquem um cargo político como trampolim para seus negócios pessoais. A partir de alicerces firmes, construir esse futuro. Quem constrói sobre alicerces corrompidos, verá seu sonho se desmoronar. Se a casa cair, ficaremos desabrigados no presente, e nossa herança para o futuro será de escombros.

19

MOTORISTA
E POLICIAL

Dizer que sofremos com uma corrupção sistêmica, que a corrupção no Brasil é institucionalizada, que a corrupção se estende do campo público ao privado e vice-versa é mais fácil e mais confortável do que encarrar a dura realidade: a corrupção se proliferou por todo o sistema porque somos células corruptas desse sistema, contaminando o sistema e sendo contaminados por ele. Relação corruptor e corrupto é praticada e exercida diariamente.

Hipoteticamente, gostaria de propor a seguinte situação:

Um veículo é parado por um policial em uma rodovia. O policial se aproxima da janela do motorista e pede-lhe a carteira de habilitação. Após as devidas averiguações do documento do veículo, o policial informa ao motorista o motivo da parada.

— Senhor Jefferson, há 500 metros você arremessou uma lata de refrigerante da janela do seu carro na rodovia. Isso é considerado uma infração de trânsito média, em que o senhor será autuado com quatro pontos na carteira de habilitação e uma multa de R$ 130,16. Verificando sua CNH, vejo que ela está vencida há mais de 30 dias. Você tem a nova CNH com o senhor ou algum protocolo da emissão da nova CNH?

— Bem, senhor guarda, é que... sabe, minha carteira venceu no mês passado, mas ainda não tive tempo de tirar outra.

— Neste caso, terei que lhe aplicar outra multa, serão mais sete pontos na carteira e R$ 293,47 para pagar.

Na carteira de habilitação do motorista Jefferson já constava outros 11 pontos, duas multas de fiscalização por radar e uma de estacionamento, todas que ele considerava como "injustas". Agora, somados esses onze pontos, seria o suficiente para que Jefferson estourasse o limite de vinte pontos na carteira de habilitação (N.E.: quando 20 pontos fazia o condutor perder a CNH).

— Policial, tenho todo o respeito pela profissão do senhor, é graças a vocês que podemos andar com segurança na estrada — argumentou Jefferson. — Souza é seu nome, né? Seu Souza, eu uso este carro a trabalho, tenho uma filha pequena, e esses pontos na carteira podem me complicar. Se é que você me entende.

— O que entendo, Senhor Jefferson, é a infração que você cometeu. E uma aplicação justa é necessária, conforme a lei.

— Tá certo, policial. Eu preciso pagar pelo meu erro. O que gostaria de saber se posso pagar a multa para o senhor e ir embora.

Souza não é diferente de outros milhões de trabalhadores. Exerce sua profissão com o sentimento de dever, tem honra no trabalho que faz, respeita a justiça, se envergonha da corrupção. Trabalha de forma honesta — diferentemente até de alguns colegas de profissão que ele conheceu e que aceitam subornos —, leva o que ganha para sustentar a esposa, uma filha recém-nascida e ajuda a mãe com dinheiro para cuidar da irmã caçula doente.

— O senhor sabe que suborno é crime? — Respondeu Souza, com a voz alterada.

— É claro, senhor policial. Por favor, não foi nada disso que quis insinuar. Apenas pensei se haveria um meio mais rápido de resolver isso. Como tenho 300 reais na carteira, pensei se poderia pagar a multa aqui mesmo — retrucou Jefferson, em tom de desculpa, enquanto tirava o dinheiro da carteira.

Dentro de poucos segundos, Souza viu a irmã mais nova na cama, sua mãe cuidando dela, a esposa desempregada, a filha pequena e, por último, viu algumas notas de cinquenta reais. Levou os dedos trêmulos até as notas e os fechou sobre elas.

— Vá embora, e sem jogar lixo na estrada — disse Souza, e o motorista Jefferson voltou a respirar quando a tensão passou. Ligou o carro e seguiu viagem.

O policial Souza concluiu que alguns motoristas preferem pagar as coisas na hora. E se o dinheiro vai para o governo, por que não ir para ele? Com isso em mente, parou muitos outros motoristas pela rodovia e pediu que pagassem na hora. E seu amor pela justiça foi ficando de lado. Jefferson renovou sua CNH, mas continuou sendo autuado por outros problemas, no entanto, pior do que suas multas, foi a herança de corrupção que deixou para outros — motoristas, policiais, sociedade e Estado.

20

ROUBA, MAS FAZ

Arlindo gritou, enfurecido:

— Onde *tá* minha furadeira?

Ele procurava sua furadeira fazia quinze minutos, mas não encontrar o que procurava dava-lhe a sensação de que havia se passado horas.

— *Muié, ocê* não viu essa furadeira? — A esposa, entretida com a máquina de lavar, pouca atenção deu às reclamações do marido.

Arlindo revirou o quartinho que ele chamava de oficina. Era ali que guardava as ferramentas e os trabalhos inacabados feitos em madeira. Exercia o intrigante hábito daqueles que perdem algo: vasculhar o mesmo lugar mais de uma vez. O torneiro mecânico aposentado abriu as gavetas da bancada de trabalho pela terceira vez. Talvez esperasse que, repentinamente, a furadeira aparecesse onde não estava anteriormente e assim desse um fim à sua angústia, mas ela insistia em não aparecer dentro de nenhuma gaveta.

— Olha a boca, Arlindo — repreendeu a esposa quando o aposentado começou a praguejar.

— Uma coisa não pode desaparecer do nada, *muié*.

— Assim como não pode aparecer também. Vai procurar em outro lugar, *homi*.

— Só pode ter sido *robada*. Tenho certeza que *dexei* ela aqui.

— Quem ia entrar aqui, *homi*?

— Foi aquele eletricista que arrumou sua máquina de *lavá ropa*. É o único diferente que *entrô* aqui *estes dia*.

— Ele *num robô* nada, *homi*. Deixa de acusar *as pessoa* que *ocê* nem conhece.

— Roubou, sim! Só pode! Trabalhei por mais de *vinte ano* na mesma firma e nunca peguei nada que *num* era meu! Esse eletricista vem aqui *pra concertá* a máquina e leva minha furadeira. Esse mundo *tá* perdido mesmo.

— Pare de *acusá os outro, homi*. O eletricista *feiz* um bom *trabaio. Oia* a máquina, como ficou boa.

— Fez um bom trabalho, mas roubou minha furadeira! Onde *ocê* já viu alguém *aceitá* isso, *muié*?

— *Intão* ele é igual àqueles candidatos que *ocê* vota. *Num* é *ocê* mesmo que diz que eles *roba*, mas faz? *Ocê* sempre aceitou isso, *homi*, agora vê se se aquieta.

21
FORMAÇÃO
PARA SER POLÍTICO

Quantos anos são necessários para alguém desempenhar uma função no mercado de trabalho? Não vou falar aqui sobre a importância da educação na vida das pessoas, isso, do meu ponto de vista, a maioria das pessoas compreende. Mesmo pessoas que não tiveram acesso aos estudos, se esforçam ao máximo para garantir que os filhos estudem. Elas estão certas, a educação é a principal ferramenta para uma pessoa conquistar uma melhor condição de vida.

É através da formação educacional que uma pessoa tem acesso a melhores oportunidades profissionais. Essas oportunidades permitem que indivíduos recebam melhores salários, e com melhores ganhos possam ter mais qualidade de vida, que engloba se alimentar melhor, se educar melhor, desfrutar de lazer e segurança.

Essa diferença fica clara quando comparamos as médias salariais por nível educacional do brasileiro. Segundo o Mapa do Ensino Superior 2019, dados de pesquisa realizada em 2017 indicam que os profissionais com ensino superior no Brasil ganham até três vezes mais que os profissionais com ensino médio.

O ensino fundamental no Brasil têm a duração de nove anos. Após concluída essa primeira fase, o aluno ingressa no ensino médio por mais três anos. Até aqui foram doze anos de estudos para ganhar no mercado de trabalho uma média, segundo o IBGE, de R$ 1.752,00. Esse é o valor médio que profissionais com ensino médio ganham no Brasil, que varia em cada região do país.

O profissional que busca seguir uma carreira específica, precisa continuar seus estudos através do curso superior. Um advogado precisa estudar mais cinco anos para compreender a legislação. Um administrador de empresas tem quatro anos de estudos para aprender os fundamentos de uma boa gestão. Um engenheiro, que será responsável por obras, deve dedicar mais cinco anos de estudo. A medicina exige seis anos de estudo integral para assumir a responsabilidade de cuidar da vida dos pacientes.

A profissão de médico, por toda a responsabilidade envolvida, por todo o tempo de estudo e pelo investimento que o aluno faz durante o tempo de faculdade, é uma das profissões com melhor remuneração no Brasil. Os ganhos salariais variam, mas, para efeito de comparação, vamos considerar o salário de R$ 12.000,00, pago pelo governo brasileiro aos médicos que fazem parte do programa "Médicos pelo Brasil".

Vamos comparar esses dados com os de um profissional que no Brasil não é exigido nenhum tipo de formação acadêmica, o político brasileiro. A remuneração de um Deputado Federal é de R$ 33.763,00. Vou desconsiderar as verbas de gabinete, acima de 100 mil reais, e do auxílio moradia, superior a R$ 4.000,00. Vamos falar apenas de salários e comparar com os anos de estudos. Um vereador na cidade de São Paulo têm salário acima de R$ 18.000,00, e o prefeito têm vencimentos acima de R$ 24.000,00.

Não vou tomar juízo sobre se os valores de salários são altos ou baixos, não é essa minha intenção. Acredito que bons profissionais, com grandes responsabilidades e que geram bons resultados, devem ser bem remunerados pelos seus esforços.

Minha intenção neste capítulo não é olhar para o salário dos nossos políticos, mas olhar para um dos fatores que faz parte da composição de um salário e analisar se nossas escolhas atuais e nossas exigências da formação política são coerentes.

São alguns dos fatores que compõem um salário: experiência profissional, responsabilidade do cargo, demanda na área profissional, formação acadêmica. Creio que você percebeu que me refiro à formação acadêmica que exigimos dos nossos candidatos políticos.

Qualquer pessoa que deseje exercer uma profissão precisa antes concluir uma formação acadêmica. Por que com os políticos não fazemos tais exigências? Por que não é exigido que o candidato tenha uma formação superior na área que ele pretende atuar? Vereadores e deputados são profissionais que precisam entender de leis. Prefeitos, governadores e o presidente são profissionais que precisam saber gerir recursos.

Hoje não é preciso ser formado em direito ou administração para assumir cargos no legislativo ou executivo. Para profissionais formados em outras áreas que queiram ingressar em um cargo político, as universidades e faculdades podem fornecer uma pós-graduação em Política. Esse seria um curso de especialização que englobaria tanto as áreas de leis como de gestão, preparando o candidato a conhecer o básico para ocupar o cargo pretendido.

Isso é a coisa mais natural que um povo deveria exigir daqueles que vão estar à frente das decisões de um país, cidade ou estado. Essa proposta de exigir uma formação acadêmica para assumir um cargo político é uma forma a mais de garantir que estamos contratando gente qualificada para o cargo. Isso não garante que essas pessoas venham a ser bons políticos, e também não quero dizer que não existem bons políticos sem formação acadêmica.

Filtrar por formação acadêmica dificulta que cargos políticos sirvam apenas para mudar a vida do candidato, e que esse não faça nada pela população. É possível que o candidato a vereador que era dono de um carrinho de lanche seja uma ótima pessoa, mas só isso não basta para ser um bom vereador. Exigir formação acadêmica ajuda a separar aqueles que estão dispostos a se preparar para assumir um cargo, daqueles que querem assumir o cargo pelo salário.

Aqueles que querem fazer algo precisam primeiro se preparar para fazer algo. Isso aumenta as chances de sucesso. Essa atitude é mais do que natural. Alguma empresa contrata um profissional sem a formação adequada? Se uma empresa anuncia a vaga de engenheiro, ela não vai aceitar contratar alguém sem essa formação.

A empresa filtra os candidatos que ela sabe que têm condições mais adequadas para desempenhar a função com base na formação acadêmica. A empresa sabe que isso não vai garantir o desempenho do funcionário, mas, ao menos, sabe que está contratando alguém apto para a função, alguém que teve o interesse de estudar o assunto e se preparar.

> É isso que fazemos constantemente. Elegemos pessoas que não entendem de saúde para cuidar da saúde de milhões de pessoas; pessoas que não entendem de orçamento para cuidar do orçamento; pessoas que nunca cuidaram da gestão de um carrinho de pipoca para gerir um país inteiro. Contratamos profissionais despreparados para ocupar cargos importantes, e reclamamos que o resultado não dá certo.

Na nossa vida, fazemos os mesmos tipos de escolhas diárias. Ao ficar doente, você não vai até um profissional sem nenhuma formação em medicina. Você deixaria alguém que não é médico fazer uma cirurgia em um filho seu? Você faria uma cirurgia na cabeça com o seu amigo que vende cachorro-quente?

Exigir uma formação acadêmica adequada, graduação, uma pós-graduação ou mesmo um curso livre que prepare aquele que pretende assumir um cargo ainda é uma realidade distante. Uma exigência popular em relação a isso pode alterar esse quadro no futuro.

Enquanto isso não acontece, cabe a nós verificar as experiências e formações do candidato. A formação acadêmica dessa pessoa permite que ela desempenhe bem o papel dela como vereador, deputado, prefeito, governador ou presidente? Qual a experiência anterior dessa pessoa? Se ela não tem formação acadêmica, a experiência dela demonstra que é capaz de exercer bem o cargo pretendido? Vamos contratar um funcionário por, pelo menos, quatro anos. Esse funcionário precisa ser bom ou nós que pagaremos o preço pela má escolha.

22
QUEREMOS SER ENGANADOS?

A pergunta que dá nome ao título (queremos ser enganados?) pode parecer absurda para alguns, afinal de contas, quem gostaria de ser enganado? Apesar de a resposta parecer óbvia, não queremos ser enganados, mas nosso comportamento muitas vezes reflete no sentido oposto, sim, queremos ser enganados.

Aqui me refiro a querer ser enganados pelos candidatos políticos que apresentam suas propostas e pelos políticos já eleitos. Este capítulo não é uma crítica ou algum tipo de denúncia contra algum candidato ou partido em particular, pelo contrário, este capítulo é sobre nós eleitores.

O que nos faz acreditar em algumas promessas descabíveis? Qual a necessidade de nos agarrar com unhas e dentes a uma ideia, um candidato ou um partido, e mesmo quando fatos demonstram que estamos errados, ainda assim continuamos a acreditar em suas histórias?

Somos enganados por discursos que prometem "mundos e fundos" nas campanhas eleitorais, sem demonstrar de onde virão os recursos para se pôr em prática as promessas. Somos enganados pelo discursos "somos contra a corrupção", mesmo quando o candidato se relaciona com amigos, familiares, partidos ou outros políticos envolvidos com corrupção.

O próprio termo corrupção costumeiramente não é bem compreendido, e associado apenas com um representante do poder público que recebe dinheiro de uma empresa ou pessoa. Mas o termo corrupção é muito mais abrangente, ele se refere a decomposição de algo, uma deterioração do estado natural das coisas.

Tudo que altera a natureza de algo é um corrupto, em qualquer âmbito da ação humana. Se um político contrata um parente como seu assistente, ele está indo contra o caráter da impessoalidade que fala na Constituição Brasileira. Ao ir contra a natureza da Constituição, isso faz dele um corrupto.

Se um político tem uma empresa que joga lixo na natureza, mesmo que sua empresa não tenha nenhuma ligação com o poder público, a empresa na qual ele é responsável está participando de um processo de deterioração das coisas, está mudando o estado natural e positivo de algo para um estado pior. Portanto, sua empresa é corrupta. Em consequência, seus responsáveis legais também o são.

Se um político apoia uma prática que vai contra as leis, como por exemplo a milícia armada que atua no Brasil, isso é um ato de corrupção. A milícia contraria o estado natural das coisas em um Estado de direito. Sua ação causa a deterioração da ordem e segurança das pessoas. Sendo assim, é uma prática corrupta.

A corrupção se estende em qualquer área da ação humana. Sempre que alguém agir alterando ou apoiando pessoas que modifiquem o estado natural, ou seja, como as coisas foram concebidas para funcionar, essa pessoa apoia a corrupção.

Por isso podemos afirmar que quem fura uma fila é uma pessoa corrupta. A fila foi concebida para funcionar de um jeito. O estado natural que mantém a ordem na fila é que o atendimento das pessoas deve ocorrer de acordo com sua ordem de chegada. Assim, um se mantém atrás do outro. E sua vez de ser atendido será quando todas as pessoas que chegaram antes tiverem saído da fila. Quando alguém entra no meio da fila em vez de ir para o final, só porque conhece alguém que está esperando na fila, um ato de corrupção é cometido. O estado natural, aquele modo como as coisas devem funcionar, foi rompido.

O estado natural foi concebido para gerar ordem e melhor funcionamento nas coisas. Existe o estado natural de funcionamento projetado pela própria natureza, como as coisas dentro da natureza funcionam, e o estado natural de funcionamento de algo projetado pelo ser humano.

Quando um câncer se abate na saúde humana, ele está alterando o estado natural de funcionamento das células. Se esse processo de corrupção não for interrompido, a desordem causada será tão grande que levará um corpo saudável à morte.

Dentro dos projetos humanos, um estado natural planejado inicialmente pode ser revisto e até aprimorado, passando assim a funcionar melhor. Em relação às filas, foi revisto que pessoas de idade avançada, gestantes, portadores de crianças de colo e deficientes físicos possuem o direito de serem atendidos preferencialmente, sem precisar seguir a ordem da fila. Nesse caso, um novo processo natural foi construído. Então, quando uma gestante chegar à fila e ser atendida primeiro, ela não vai cometer um ato de corrupção.

É importante revisar processos se eles já não são úteis, mas é importante seguir os processos estabelecidos até que uma alteração seja feita para não gerar desordem. Muitos processos estabelecidos são quebrados não porque não funcionam mais, mas porque são ignorados para privilegiar uma pessoa ou grupo.

A repetição dessa desordem gera a corrupção em instituições, prefeituras e famílias. Assim como no corpo saudável, essa corrupção pode criar um tumor e se espalhar pela sociedade, influenciando mais e mais pessoas a fazerem o mesmo, até que todo o sistema fique em decomposição e próximo da morte.

> A corrupção pode estar em muitos aspectos da natureza humana, por isso é necessário averiguar melhor aqueles políticos que querem se apresentar como guardiões da bondade e dos bons costumes. Há muita sujeira embaixo dos tapetes, precisamos ter a vontade de investigar o tapete para não sermos marionetes das mentiras.

Outra questão primordial para quem quer deixar de ser enganado é parar de acreditar em salvadores da pátria. Talvez isso seja fruto de uma forte influência cristã ocidental, que ensina que Jesus foi o salvador da humanidade, então, a população vive na crença de que vai aparecer um salvador a qualquer momento para nos livrar das crises econômicas e políticas.

Religião e política estão fortemente ligadas atualmente, e as pessoas realmente confundem um com o outro. Essa forte relação acaba sendo usada por políticos para aumentar sua base de eleitores, e as necessidades religiosas do povo são espelhadas em políticos, que, se analisarmos suas posturas, nada têm de religiosas.

Existem políticos que se dizem cristãos que são favoráveis à tortura, pregam a violência e disseminam o ódio. Tais declarações são opostas ao que pregou Jesus na Bíblia, mas, mesmo assim, queremos ser enganados.

Se algo é oposto à doutrina cristã, é óbvio que não é um cristão quem pensa dessa forma. Dizer da boca para fora que é algo até um papagaio pode dizer, mas o que define alguém são suas ações.

Essas pequenas análises entre a relação do que alguém diz e o que faz já nos nutre de uma base argumentativa para não sermos feitos de marionetes pelos discursos escritos por ótimos marqueteiros eleitorais. Mas aí vem a outra questão: será que também não queremos ser enganados, por isso aceitamos argumentações falaciosas?

Muitas das coisas que acreditamos podem vir de crenças de infância, leituras ou até notícias falsas que entramos em contato. Mas parte das coisas que acreditamos, continuamos a acreditar porque nos convém e não queremos mudar.

Para mudar algo efetivamente, parar de confiar em candidatos que mentem, promovem a desunião, cometem atos desprezíveis, precisamos olhar no fundo de nossa consciência e avaliar: porque queremos acreditar nesse candidato?

Será que alguma das coisas que esse candidato defende ou diz defender não é algo que acreditamos, por isso aceitamos suas mentiras? Preferimos eleger alguém que seja incoerente, muitas vezes até incompetente, mas que represente uma ideia que acreditamos em vez de eleger a pessoa mais apta para o cargo?

É claro que ignorar uma enxurrada de posturas negativas, apenas para votar em alguém que tenha uma fração de opinião igual a nossa, tem um custo muito caro para o futuro. O custo de uma má escolha será pago por eleitores ou não eleitores dos políticos. Muitas vezes pode ser uma conta a ser paga pelos filhos e netos desses eleitores.

Querer ser enganado é, na verdade, fazer vista grossa para muitos fatos importantes da carreira de um candidato, que, se não fossem ignorados, serviriam como orientação para uma melhor escolha.

É necessário avaliar com seriedade a postura dos candidatos, analisar suas histórias, o que fizeram, suas integridades, a coerência do que eles falam e vivem. Não devemos escolher candidatos porque nos identificamos com algo que ele falou, porque achamos engraçado ou qualquer afeição que possamos desenvolver por uma pessoa.

Candidatos devem ser escolhidos pela capacidade de execução de um bom plano de governo. Políticos não são amigos dos quais combinamos de comer uma pizza na sexta-feira à noite, são profissionais que contratamos para cuidar da gestão de uma cidade, de um estado ou de um país.

O voto deve ser embasado racionalmente, as emoções e preferências devem ser deixadas de lado. Tudo que te emociona pode ser usado para te manipular, é isso que as campanhas eleitorais fazem.

Não cerre os olhos aos fatos apontados sobre um candidato por puro apego emocional. Reflita que aqueles que usam discursos populistas para te convencer são perigosos. Se eles não medem esforços para manipular a população antes de subir ao poder, não medirão esforços para permanecer no poder, mesmo contra a vontade da população.

23

PASSIVIDADE, AGRESSIVIDADE, ASSERTIVIDADE

Em meio às adversidades cotidianas para se viver uma conduta ética, geramos comportamentos sociais que, muitas vezes, além de não ajudarem em uma transformação social e ética, acabam por gerar novas complicações em um sistema já abatido por diversas formas de corrupção. Impulsos mal conduzidos, em vez de gerarem bons frutos, geram frutos de apatia e violência social.

PASSIVIDADE

Frente ao desafio de construir um local mais ético para se viver, muitos caem no profundo buraco da apatia. São pessoas que não se comprometem com nada, vivem descrentes de que algo pode mudar, não assumem nenhuma responsabilidade por algum tipo de mudança, por menor que seja. Vivem ao ritmo "deixa a vida me levar", esquecidos de sua própria importância histórica como ferramenta de transformação social. Acreditar que as coisas não vão mudar, ou que o tempo resolve tudo, é um dos mais perigosos autoenganos que vivemos. Em primeiro lugar, tudo muda, nada do que observamos em termos temporais é permanente. A mudança é cíclica e ocorrerá, quer façamos algo, quer não façamos nada.

Porém, nem toda mudança que virá será para levar as coisas a um estado melhor do que o anterior. E se não sabemos para onde queremos ir, seremos conduzidos a um lugar aonde aqueles que governam querem nos levar. Outro erro de conduta é atribuir toda a responsabilidade para o ajuste na passagem do tempo. Como falei, as coisas mudam com o tempo, e por isso devemos agir junto com o tempo, não alheios a ele. Folhas de papel em branco com uma caneta esferográfica ao lado ao longo do tempo não vão escrever um livro, é preciso uma consciência ativa para manobrar as ferramentas e dar a direção que as palavras devem seguir. Formar uma sociedade ética é dever de todos. Deixar a passividade tomar conta de nossas ações é sinal de nossa indiferença para com as dores alheias que presenciamos diariamente por falta de uma cultura educada em ser ética.

AGRESSIVIDADE

Frente ao desafio de construir um local mais ético para se viver, uma parcela cai no outro extremo da apatia, uma ação a qualquer preço, sem ordem e direção. Alguns acreditam que os problemas sociais que enfrentamos precisam ser combatidos de maneira radical, uma intervenção que envolva força bruta ou com grandes movimentos pelas ruas que geram mais caos do que ordem. Violência e desordem não colocam as coisas no lugar, essa agressividade mal canalizada é mais um processo de manipulação de massa do que uma ação ético-organizada. Ingênuo é aquele que acredita que está mudando o país se não consegue nem mudar a si mesmo. Quem pensa em usar métodos de violência deve se perguntar: se as coisas mudarem, vão mudar para melhor? Acostumar-se a fazer as coisas com violência e desordem vai gerar um estado em que essas coisas são válidas. O produto de uma ação antiética é outra ação antiética.

ASSERTIVIDADE

Em meio à urgente necessidade que temos de fazer algo, precisamos encontrar o ponto no centro, o equilíbrio que transforma nossas ações em frutos positivos.

| Passividade | Assertividade | Agressividade |

Devemos sair da inércia. Ao deixar as coisas como estão, temos mais possibilidades de piora do que de melhora. Sim, pior do que está fica. E fica porque não mensuramos a importância dos pequenos atos diários na construção de uma sociedade melhor. No caminho de fazer algo, precisamos nos evadir da ação desordenada, um fanatismo que acredita que as coisas vão se resolver de uma hora para outra. Fanatismo é o caminho usado por líderes tiranos, não pelos justos.

> **Encontrar um equilíbrio de nossas ações não é um caminho fácil, mas agir pelo bem comum é o melhor guia que temos.**

Devemos cultivar um pensamento que busque uma união e agir contra as correntes que pregam o contrário, agir sem violência para não ser como elas, mas agir com justiça para banir pensamentos contrários à construção dessa nação ética que buscamos. Essa construção virá paulatinamente, por isso o ritmo e a constância diária de nossas ações éticas são os tijolos dessa construção, que, quando forem suficientes, serão o abrigo para uma nova sociedade.

PARTE 5

ÉTICA
E RELIGIÃO

"Estou cada vez mais convencido que chegou o momento de encontrarmos uma maneira de pensarmos a espiritualidade e a ética acima da religião"

XIV DALAI LAMA

24
ÉTICA - O CERNE
DE TODAS AS RELIGIÕES

Se compararmos as religiões ao longo da história humana, um dos componentes presentes em todas elas, e o principal quando se trata da convivência humana, é o sentido de ética. As religiões, e incluo aqui o que chamamos hoje de mitologia, têm em comum fatores como uma narrativa mítica, uma busca de explicar o surgimento do mundo, Deus, deuses ou algum ser com poderes extra-humanos e que são divindades veneradas por aquela cultura, uma simbologia, e valores morais que os seguidores da religião devem praticar.

Os povos se unem em torno dessa narrativa, passam a seguir seus costumes, adotar seus símbolos, veneram a mesma divindade e se orientam moralmente pelo que prega a religião, e assim civilizações humanas foram erguidas ao longo da história.

Considero o valor ético como a principal estrutura de uma religião, porque, sem os valores morais seguidos pelos praticantes de qualquer religião, a convivência humana entre os povos que ocupavam os mesmos territórios e construíram cidades teria sido caótica e dificilmente conseguiriam construir algo duradouro.

Tomemos como exemplo a religião judaico-cristã, na qual estamos mais familiarizados no Ocidente. Os dez mandamentos da religião são princípios éticos a serem seguidos por todos os praticantes. São eles:

1. Amar a Deus sobre todas as coisas
2. Não tomar seu santo nome em vão
3. Guardar os domingos e festas
4. Honrar pai e mãe
5. Não matarás

6. Não pecar contra a castidade
7. Não furtar
8. Não levantar falso testemunho
9. Não desejar a mulher do próximo
10. Não cobiçar as coisas alheias

Podemos chamar os dez mandamentos de "ordens éticas", a importância destas ordens éticas para os praticantes da religião é pelo fato de terem sido enviadas por Deus para os homens. Então, como uma ordem superior, não foi apenas uma ordem de conduta vinda de um homem para outro, foi uma ordem vinda de um ser superior para todos. A mitologia por trás dos mandamentos reforça a importância deles para o povo. E todos que seguem a mesma religião devem seguir os mandamentos enviados por Deus.

Retire os mandamentos da religião judaico-cristã e tente formar uma comunidade de pessoas para juntos construírem algo. Sem o sétimo mandamento, imagine as pessoas nessas comunidades roubando e furtando umas das outras. Esses roubos levam a brigas e mortes, o que vai contra o quinto mandamento. Ou, então, pessoas mentindo um contra o outro, o que também poderia terminar em brigas e mortes nessas comunidades.

Pessoas se levantando contra seus pais para tomar posse de seus bens, amigos em guerra por não existir nono mandamento. Uma sociedade que vivesse nestas condições, dificilmente prosperaria. Essa sociedade iria se roer por dentro. Não seriam necessários inimigos exteriores para acabar com essa comunidade, as próprias brigas e desentendimentos internos levariam à ruína as tentativas de as lideranças serem bem sucedidas em unir o povo.

No novo testamento podemos observar novos princípios éticos que norteiam os cristãos:

- Não julgueis, para que não sejais julgados. Mateus 7:1
- Eu, porém, vos digo que não resistais ao mau; mas, se qualquer te bater na face direita, oferece-lhe também a outra. Mateus 5:39
- Então Pedro, aproximando-se dele, disse: Senhor, até quantas vezes pecará meu irmão contra mim, e eu lhe perdoarei? Até sete? Jesus lhe disse: Não te digo que até sete; mas, até setenta vezes sete. Mateus 18:21,22
- Eu, porém, vos digo: Amai a vossos inimigos, bendizei os que vos maldizem, fazei bem aos que vos odeiam, e orai pelos que vos maltratam e vos perseguem; para que sejais filhos do vosso Pai que está nos céus. Mateus 5:44

Todos estes exemplos, entre muitos outros que podem ser apresentados, são ensinamentos sobre a ética do bem viver. A principal função que uma religião cumpre na evolução humana é ajudar os humanos a se unirem, a viver melhor, viver dentro de costumes éticos.

O elemento ético nunca deve ser retirado de uma religião, ou ela perde seu sentido. Mesmo que os símbolos permaneçam, que a crença em uma divindade continue a existir, nada disso basta se em uma religião foram esquecidos os princípios éticos que norteiam os comportamentos dos seguidores.

> Manter vivos símbolos e crenças, mas não viver os princípios éticos propostos dentro da religião, é como quebrar uma noz e comer a casca em vez da fruta. É através dos princípios éticos contidos em cada religião que se torna possível para o praticante da religião vivenciar de forma significativa e construtiva a sua crença.

Para as civilizações humanas que viveram há centenas de anos, foram esses valores morais que possibilitaram o bom convívio entre os povos e o crescimento dessas civilizações. Muitas religiões do passado ainda estão presentes nos dias de hoje, e os princípios éticos dessas religiões devem permanecer tão vivos quantos os demais elementos.

25
A DESUNIÃO

Apesar de muito discutida a origem etimológica da palavra religião, para muitos etimologistas — e o termo que mais se popularizou — vem da palavra em latim *religare*. É a junção de re + ligare, ou seja, religar, ligar novamente.

Tratemos então da importância desse sentido para todas as religiões do mundo. A prática de uma religião envolve, como definição, unir-se/ligar-se a outros seres humanos, para que assim seja possível se ligar ao divino, ao sagrado. Como dizer que é possível alguém se ligar ao divino através da religião se o indivíduo não consegue sequer se ligar ao outro ser humano?

A ética busca o mesmo princípio de união. Propõe comportamentos que sejam compartilhados pelo grupo social, que visam conquistar uma melhor convivência humana, que respeitem o outro e o meio ambiente. Assim como os mandamentos morais propostos pelas religiões foram necessários para o convívio humano, o refinamento das normas éticas é necessário para promover cada vez mais a união entre os povos.

A primeira preocupação das religiões, atualmente, deveria ser promover a união entre pessoas. Não quero diminuir a importância do dogma para os praticantes, mas de que adianta conhecer a doutrina e, em vez de se tornar um ser humano mais ético, se tornar um ser humano arrogante, indiferente e fanático?

Infelizmente, existem discursos dentro de templos religiosos que vão contra o significado de religião, são discursos que não visam unir as pessoas, de desunião. Não me refiro a uma ou outra religião específica, porque esse mal se alastra por quase todas. O ponto é que o próprio ser humano, por sua natureza quase sempre egoísta, tende a aceitar e se relacionar com pessoas com seus mesmos gostos e crenças, discriminando pessoas que agem ou pensam de forma diferente da sua.

A própria necessidade de pertencimento, o terceiro degrau na teoria das necessidades de Maslow, chamada de necessidade social, nos faz procurar grupos que tenham os mesmos interesses que nós. A religião é o local onde pessoas atendem, além de outras necessidades da psique humana, à necessidade social, onde se reúnem pessoas para conviver e compartilhar as mesmas coisas.

Assim, a primeira preocupação das religiões deveria ser disseminar o sentimento de união entre os praticantes da doutrina filosófico-religiosa. De que adianta ter praticantes que possam recitar textos sagrados de suas religiões se estes mesmos praticantes não tratam de forma ética outras pessoas? A religião não deve ser usada como forma de condenar outras formas de crenças, sentimentos e visões de mundo. Ela deve ser centrada na ética entre a união da humanidade, em unir os seres humanos em torno de um mesmo centro.

Esse eixo central, fundamental para que qualquer religião cumpra seu papel de união, é a ética. Essa postura ética exige que dentro de qualquer templo religioso seja sempre praticado o amor ao próximo. Dentro de qualquer religião, práticas como a intolerância religiosa, preconceito com classe social, preconceito racial e preconceito contra a orientação sexual devem ser combatidas.

A única forma de uma religião promover uma fraternidade universal é fazendo com que seus ensinamentos se foquem no que nos une. Ser humano é nosso ponto de união, que é mais poderoso do que qualquer outro ponto que nos diferencie. Não importa para qual time você torce, em qual país você nasceu, qual sua preferência político-partidária, qual a cor da sua pele, qual sua orientação sexual. Todas nossas diferenças somadas serão menores do que o ponto que nos une, nossa humanidade. Esse deve ser o ponto em que vamos religar os seres humanos.

Às vezes, presenciamos casos de líderes religiosos promovendo a desunião através do preconceito. Devemos nos questionar: Qual tipo de prática é essa? Uma prática religiosa não pode ser; afinal, a religião promove nos religar com outros seres humanos, não nos afastar deles.

Muitos desses líderes, acredito, não promovem a desunião por maldade. Aprenderam esse tipo de comportamento, talvez, na infância, talvez até mesmo dentro da instrução religiosa que tiveram, e nunca se questionaram se promover o separatismo é algo religioso.

Como tratamos em todo esse capítulo, a religião trata de unir as pessoas, não as separar, e que religião sem a vivência ética do respeito e cuidado pelo outro não é religião, é apenas uma casca feita de simbologia e crenças, mas sem o conteúdo moral norteador da religião.

Quando em presença daqueles que se dizem religiosos, mas pregam que uma pessoa é superior a outra, que um ser humano "não é filho de Deus" devido às suas práticas, que as pessoas que frequentam a mesma doutrina religiosa que ele prega são superiores às outras, devemos orientá-los de que não estão sendo religiosos em suas falas.

Essa orientação deve ser assertiva. Não deve ser passiva, para não permitir que mais injustiças sejam feitas, nem agressiva, pois prezamos pela ética nas relações. Ser assertivo é demonstrar que o sentido da religião é unir, não separar as pessoas. Deve-se explicar que a busca religiosa deve ser orientada pela ética na convivência e partindo do princípio que todos somos seres humanos, ou, em termo religiosos, filhos de Deus. Não é nosso papel julgar os outros, mas nos unir para construir um mundo mais ético.

Não se preocupe se aqueles que pregam o separatismo não te derem ouvido. Nosso papel é comunicar uma mensagem de ética, o impacto dessa mensagem dependerá de quem a recebe. Pessoas não mudam suas crenças de uma hora para a outra, mesmo quando o novo é melhor para todos, é mais ético e mais justo. Recorde-se que a maioria não propaga uma mensagem antiética por maldade, são apenas frutos da desinformação e manipulação propagada durante muito tempo.

Como seres humanos que levantam a bandeira da ética, nossa luta também é contra toda a desinformação e manipulação, dois fatores que trazem dor e sofrimento aos seres humanos há milênios.

Se você se deparar com algum destes líderes que promovem o separatismo por maldade, ou seja, faz para manipular e obter recompensas apenas para si mesmo em detrimento na convivência humana, mantenha o foco em seus valores éticos. Esse tipo de gente sempre surgiu na história humana e precisam ser combatidos com argumentos melhores que seu jogo de poder.

> **Jesus apontou esse tipo de gente: "Assim são vocês: por fora parecem justos ao povo, mas por dentro estão cheios de hipocrisia e maldade. Mateus 23:28". Esses falsos líderes religiosos devem ser combatidos através dos próprios atos hipócritas que cometem, porém, aqueles que os seguem são mais vítimas que culpados pela disseminação das mentiras contadas por eles.**

Há de defender uma postura ética, e com o tempo essa postura prevalecerá sobre as mentiras transmitidas. A luta pela ética é um trabalho que fazemos de ser humano em ser humano, e começa na pessoa mais perto de nós, nosso eu.

Não adianta querer combater mensagens preconceituosas transmitidas dentro de alguma religião se olharmos para aquela religião ou seus seguidores de forma preconceituosa. É necessário olhar com amor para cada um, olhar sua essência como ser humano. Quem não combateu os próprios preconceitos não está pronto para combater o preconceito de mais ninguém.

26
OS INTOLERANTES

Ao longo da história humana, casos de intolerância religiosa estiveram presentes. Povos inteiros foram dizimados embaixo de uma bandeira religiosa. Como falamos anteriormente, é óbvio que o que essas pessoas praticam nada tem a ver com religião. Ao contrário, são, na verdade, antirreligiosos.

Não há problema nenhum em pessoas terem crenças diferentes. Se alguém crê em um Deus único, em vários deuses, em nenhum Deus, isso tudo não é o problema na relação humana. Alguém que não segue uma religião ou um ateu podem ter práticas mais religiosas que muitos religiosos. "Como assim, um ateu pode ser mais religioso que alguém que frequenta uma religião?", talvez alguém questione.

O que considero como padrão de religiosidade para fazer essa comparação é a relação com o significado da palavra religião, religar. Viver uma vida ética, se unir às pessoas, ser tolerante com o diferente, são indícios de religiosidade. Acreditar na mitologia proposta por uma doutrina, seguir rituais, fazer preces, mas não viver em união com os outros que pensam diferente não deveria ser chamado de prática religiosa.

Essa visão religiosa onde o mais importante é a crença no místico do que na convivência humana precisa ser alterada. Muitos governantes, ao longo da história humana, já utilizaram da crença das pessoas para promover massacres.

A culpa dessas mortes não atribuo à religião, pois, como falei, não podemos chamar nem esses governantes nem seus seguidores de religiosos, são algo oposto ao sentido de religião. Mesmo não podendo responsabilizar as religiões por isso, esses antirreligiosos continuam infiltrados nelas e incentivando práticas grotescas de ódio em cada vez mais pessoas.

Não bastasse toda a história humana de massacres influenciados pela intolerância religiosa, isso não terminou atualmente. Em alguns países, vemos até o aumento dessa intolerância pela crença dos outros.

A intolerância religiosa não fica restrita dentro dos templos onde acontecem as práticas, ela sai para as ruas, ocupa escolas, empresas e governos. Quando essa intolerância conquista o poder de governar, a humanidade vivencia períodos sombrios.

Por que a intolerância, seja religiosa ou política, continua a seduzir tanta gente? Apontar problemas nas coisas externas e diferentes é muito mais fácil do que assumir uma postura séria de mudança em nós mesmos, em nossas posturas. Buscar aprender sobre outros pontos de vista, buscar ouvir, procurar aprender de verdade sobre as situações, se propor a fazer um estudo comparado entre ideias diferentes, e buscar alternativas que sejam boas para todos, traz menos recompensas emocionais.

Existe uma recompensa emocional que todo intolerante desfruta e nem percebe, porém, os discursos de manipulação sabem bem sobre isso. O pensamento e atitude extremista geram no indivíduo a falsa noção de bondade. Enquanto as pessoas têm um inimigo externo para combater, elas justificam suas ações na luta contra esses inimigos, mesmos as ações mais horrendas.

Os intolerantes se acham "pessoas de bem", porque tudo o que fazem é para combater os inimigos da pátria, de Deus ou da ordem. O intolerante não se acha uma pessoa ruim, porque tudo o que ele faz é lutar contra os verdadeiros inimigos. Estes sim são pessoas más.

A sensação de ser uma pessoa boa é a recompensa emocional que milhões de pessoas buscam com atitudes intolerantes. Os inimigos criados pelos discursos de ódio são outros seres humanos/organizações com desejos e necessidades. Não são e nunca foram realmente inimigos, representam apenas um dos milhares de espectros possíveis de escolhas.

As pessoas foram ensinadas a ver o mundo como uma dicotomia entre bem e mal. Como se tudo na vida fosse dual. O intolerante extremista tem reforçada essa percepção de mundo. Todos que não pensam como ele são inimigos, não existe outra opção. O mundo é dual para o intolerante.

Se pegarmos o ponto mais extremo sobre a percepção que temos de um assunto, vamos chamar isso de ponto A. Depois procuramos o mais extremo contrário desse ponto A e vamos chamá-lo de ponto B. Entre o ponto A e B existem milhares de escolhas, algumas mais próximas de A, outras mais próximas de B.

São esses espectros de decisões entre A e B que vivemos em nosso dia a dia. Às vezes, duas pessoas são da mesma religião, mas uma é vegana e outra adora carnes. Às vezes, possuem o mesmo gosto alimentar, mas são de opiniões políticas opostas. Com qualquer pessoa que convivemos, vamos nos deparar com opiniões e gostos diferentes aos nossos, muitas vezes essas pessoas são familiares ou pessoas próximas a nós que convivemos com frequência.

É fácil olhar para essas pessoas tão perto de nós e percebermos que não são nenhum tipo de inimigo, são pessoas boas e que buscam fazer o bem com o que sabem. O que está fazendo amigos virarem inimigos é a intolerância.

O discurso de intolerância faz com que não enxerguemos mais a humanidade das pessoas. A intolerância as cega. Elas esquecem que o outro é um ser humano, que ama, que sofre, que tem necessidades, que tem família. Tudo isso é suprimido pela luta contra o "inimigo". Pessoas entram no discurso da intolerância porque encontram nessas mentiras um apoio para se sentirem mais "santas", se sentirem como "gente do bem", sentirem que são os "escolhidos".

É preciso enxergar que ninguém pode ser classificado unicamente como "santo" ou "pecador". Que cada um é uma mistura destes aspectos e de muitos outros. É necessário enxergar os comportamentos mais sombrios que temos. Sem ver onde é necessário ter luz, nunca conseguiremos iluminar nossas atitudes para uma vida mais ética.

É preciso, acima de tudo, questionar lideranças políticas e religiosas que preguem qualquer tipo de intolerância. Se um líder religioso diz que os que pertencem a uma religião são mais especiais que outros, cuidado! A vaidade é um dos grandes inimigos no caminho de qualquer prática religiosa. É preciso rejeitar a vaidade de querer estar certo, de se sentir superior, de achar que escolheu o melhor caminho. Todos esses joguetes da ilusão de superioridade são perigosas armadilhas para aqueles que buscam uma vida ética.

Não caia no discurso de intolerância promovido por muito políticos. O representante que você escolhe deve primar por uma vida ética, que não se resume apenas a como o candidato usa as verbas que recebe ou seu envolvimento com corrupção. É um pilar essencial da vida ética de um político a forma como ele respeita as outras pessoas. Discursos intolerantes em meios políticos nunca devem ser apoiados, e tais candidatos devem ser mantidos fora do poder político.

É preciso muita luta para, pelo menos, diminuirmos a intolerância dos dias atuais. Lutar para que esse tipo de discurso não assuma o poder nas religiões e na política é dever de cada cidadão. O discurso intolerante já levou milhões de pessoas à morte, a omissão social contra esse discurso pode gerar novos episódios horrendos na história humana. Cada um que vive é cocriador da história, não podemos permitir que discursos irracionais e intolerantes manchem a história com o sangue de inocentes.

PARTE 6

PRINCÍPIOS ÉTICOS
AO FALAR SOBRE CIÊNCIA E SAÚDE

"A sociedade só tem chances quando as pessoas de bem tiverem tanta audácia quanto os corruptos"

BENJAMIN DISRAELI

27
O MAL DO
DISCURSO DA ANTICIÊNCIA

Outro sinal de uma crise ética que vivemos como sociedade é o crescente discurso anticiência nos dias de hoje. Podemos dizer que a disponibilidade de informação que temos hoje nos situa em termos históricos em um período áureo da civilização humana.

Através da agilidade dos meios de comunicação, podemos acessar e trocar conhecimento com livros, professores, pesquisadores de qualquer local do mundo e de qualquer área do conhecimento. Todo o avanço científico permitiu que as pessoas vivessem mais e melhor. O avanço na educação permitiu criar uma sociedade menos preconceituosa, menos guiada por crenças arcaicas e mais aberta ao conhecimento.

Mesmo com essa disponibilidade de informação, surge atualmente um discurso anticientífico cada vez maior que é contra os princípios éticos, pois divulga a desinformação que pode matar pessoas. Falamos no começo desta obra sobre as fake news, o que vemos no discurso anticientífico são notícias falsas criadas até dentro do ambiente científico.

Durante a década de 1960, propagandas de cigarro usaram médicos para promover que uma marca causava menor impacto para a saúde que outra. Tudo isso porque alguns cientistas receberam dinheiro para propor ideias contrárias aos estudos de seus parceiros, como foi demonstrado por Naomi Oreskes no livro *Merchants of Doubt* (Mercadores da Dúvida, em tradução livre), que retrata a tentativa de negar o impacto do aquecimento global.

Os interesses econômicos, tanto por trás da indústria do cigarro ou das indústrias que impactam o meio ambiente, movem as propagandas que defendem que o aquecimento global não existe e promovem ações de desmatamento, desrespeitando o meio ambiente e o equilíbrio natural para as futuras gerações. O dinheiro dessas empresas entra nos bolsos de cientistas e políticos.

Naomi Oreskes percebeu que, apesar de mais de 900 artigos apontarem um aquecimento no planeta, apenas 62% dos americanos concordavam que existia um aquecimento global. O interesse das grandes corporações em lucrar com o meio ambiente faz com que estas ideias anticiência sejam disseminadas em muitos meios de comunicação.

A maior parte da população não busca ler artigos científicos, apesar de ser parte de nossa responsabilidade buscar as informações para transmiti-las com o máximo de certeza sobre o assunto. As informações científicas chegam pelas pessoas através dos meios mais populares de comunicação, e muitas vezes já chegam distorcidas.

Através do dinheiro, as empresas pagam algum pesquisador que vai defender uma ideia contrária em algum canal de televisão, ou em um espaço aberto por YouTubers e blogueiros. E assim, a desinformação científica chega às pessoas. Poucos são os que conferem a veracidade do que está sendo dito. Não há uma consulta sobre os artigos científicos publicados pelo pesquisador que está defendendo o desmatamento na Amazônia, por exemplo.

Com parte da opinião pública já convencida, os políticos, comprados por essas empresas, conseguem aprovar medidas esdrúxulas mais facilmente no congresso. E, assim, uma nação entra cada vez mais fundo no processo de obscurantismo científico.

O anticientificismo tem origens diversas, algumas até difíceis de identificar como começou e como ganhou a proporção que temos hoje. Entre os exemplos frequentes que vemos atualmente, podemos citar a tentativa de excluir o ensino da teoria da evolução nas escolas ou implementar ideias criacionistas no ensino regular, a crença de que o formato da Terra é plano e discursos antivacina.

Apesar dos fatos demonstrarem o oposto do que os discursos anticiência propõem, ainda assim esses discursos crescem. O discurso antivacina ganhou popularidade no final da década de 1990, quando Andrew Wakefield publicou um artigo dizendo que a vacina triplex desencadearia autismo. Uma grande mentira, e criminosa, pois doenças como o sarampo, que são prevenidas com a vacina triplex, são responsáveis por milhares de mortes ao ano.

Se analisarmos como a saúde pública evoluiu desde a criação das vacinas, vamos colher argumentos suficientes para concluir que as vacinas funcionam e salvam vidas, e aqueles que promovem esse tipo de discursos são servidores da morte.

Tomemos como exemplo a doença varíola para analisar a importância das vacinas. A vacina contra a varíola foi a primeira a ser criada e, graças a isso, podemos considerar a doença como erradicada desde 1980.

Surtos dessa doença atingiram diversas civilizações ao longo da história. Há indícios dessa doença em múmias egípcias com mais de 3.000 anos. Conforme a população humana intensificou o intercâmbio cultural, a varíola também se espalhou pelo mundo.

Nenhum continente ficou de fora e milhões foram mortos por essa doença ao longo de séculos. Estima-se que 3 em cada 10 pessoas que contraíram a doença morreram. Isso começou a mudar quando Edward Jenner criou a vacina através de suas observações.

Sem vacinas, milhões continuariam morrendo todos os anos. O perigo é que o discurso antivacina vem crescendo no mundo. E, nesse passo, além de nos preocupar com novas doenças, vamos retroagir e perder avanços já conquistados. Em 2020, tivemos o surto de uma pandemia desconhecida. Sem vacina, tivemos que manter o afastamento como única forma de prevenção da doença.

Alguém que não é um médico, cientista, pesquisador da área de saúde promover discurso antivacina, além de não ser ético, pode chegar a ser criminoso. Doenças tiram vidas. O sarampo foi considerado erradicado no Brasil desde 2001, porém, em 2013 e 2015, houve surtos da doença no Nordeste.

Os casos, mesmo vindo importados, demonstram que no Brasil está acontecendo uma diminuição da vacinação. Vários fatores começam a se somar:

- Informações anticiência;
- Disseminação destes discursos pela internet;
- Preguiça de vacinar os filhos, pois acredita que não há mais casos.

> Doenças que não foram erradicadas no mundo podem chegar até nossa porta em doze horas de voo. Não deixe de vacinar um filho ou orientar alguém a não vacinar um filho só porque você não presenciou casos da doença. Lembre-se, se você não vê casos da doença, é por causa da vacina. Ao não fazer nossa parte, contribuímos para mudar o cenário para pior.

A primeira parte é nossa, seguindo as recomendações dos médicos a respeito da vacinação. Depois vem nossa parte contra o discurso anticiência e antivacina. É nosso dever orientar aqueles que foram enganados por todo esse discurso, uma vacina pode garantir uma vida. Podemos fazer isso compartilhando o que aprendemos, compartilhando informações confiáveis e mostrando como as mentiras divulgadas não se mantêm válidas contra os fatos que podem ser demonstrados.

28
A DIFUSÃO DA PSEUDOCIÊNCIA
E O MAL CAUSADO POR ELA EM NOSSA SOCIEDADE

Trazer para um livro de ética o debate que envolve a pseudociência é arriscado. Primeiro, porque este que escreve não é um cientista, e meu conhecimento nas áreas que vou tratar aqui não ultrapassa muitas fronteiras sobre o assunto. Porém, quero deixar claro que as colocações que farei neste capítulo não são com base no "achismo", são baseadas em pesquisas que fiz dos temas.

Outro risco de trazer esse assunto para esta obra é porque muitos destes discursos são populares nos dias de hoje, e crescem cada vez mais. E é exatamente por essa razão que trago aqui esta discussão. Como cada vez mais pessoas estão adotando ideias que vou citar aqui, e estas ideias não têm nenhuma comprovação científica, assumi a responsabilidade ética de abordar estes assuntos para informar você.

As ideias que serão tratadas neste capítulo não têm por finalidade criticar nenhum tipo de crença. O objetivo é informar que, até o presente momento, não existe nenhuma comprovação científica destas ideias, porém, existe muita gente divulgando este tema como se fosse algo científico.

Quando essas pessoas propõem algo como científico, elas podem induzir muita gente ao erro. Muita gente de boa-fé pode adotar uma prática confiando que os resultados já foram testados e são reais, quando, na verdade, não há nenhum tipo de comprovação.

Essas pessoas de boa-fé depositam sua confiança e seu dinheiro nestes discursos. Alguns envolvem questões de saúde, fazendo pessoas abandonarem tratamentos com comprovação científica por outros sem comprovação alguma. Muita gente que paga milhares de reais para aprender algo ou fazer algo que não gera resultado real.

Como um alerta para prevenir essas pessoas, escrevo este capítulo. Meu compromisso ético está em servir como um alerta sobre alguns destes temas. E se você vir os mesmos problemas que eu em permitir que estes discursos continuem sendo divulgados, lhe convido, após a leitura, a se comprometer a orientar pessoas que podem ser vítimas destes discursos.

Esse capítulo não é para brigar contra aqueles que falam sobre isso, acredito que a maioria que propaga estas mensagens o faz porque pensa que funciona, pensa que é científico. Propaga porque acha que vai ajudar outras pessoas. Mas, no final, não há nenhum processo científico envolvido. E ao divulgar como se fosse ciência, induz pessoas ao erro.

Estes temas estão aqui não pelo conteúdo, estão aqui porque são divulgados como algo científico, mas não são. É aí que entramos na questão ética. Grande parte dos que foram influenciados pelas ideias nunca fizeram uma pesquisa para verificar a veracidade do tema. Foram influenciados pelos "gurus" que promovem ideias muitas vezes sem utilidade para o público, mas com grande utilidade para suas contas bancárias.

> O termo pseudociência se refere a informações sobre o mundo que dizem ter bases científicas, mas, em realidade, nenhum método científico foi adotado para comprovação das premissas propostas, ou nenhum outro pesquisador conseguiu replicar os resultados.

É importante para o leitor perceber que estas ideias não se denominam pseudociência, elas dizem para o público em geral que a ciência provou os resultados, porém, no meio científico não há prova nenhuma. Por isso são denominados de pseudociência, pois não tem nada de científico na metodologia.

Outro fato relevante que devemos considerar quando falamos destes temas é o efeito placebo. Esse efeito é comprovado cientificamente e utilizado para a validação, por exemplo, de medicamentos. O efeito placebo demonstra que um paciente que toma uma pílula de farinha pode mostrar melhoras em seu quadro de saúde. Essa melhora é atribuída apenas pelo fato de o paciente acreditar que vai melhorar com a medicação.

É verificado, assim, que a influência da crença do paciente é capaz de gerar melhoria. O teste placebo também é utilizado para testar se um medicamento é eficaz ou não. Se os resultados de melhora do medicamento verdadeiro foram os mesmos do medicamento feito de farinha, fica demonstrado que o medicamento não está gerando nenhum resultado além do efeito placebo.

E por que o efeito placebo é importante para o que vamos falar a seguir? Talvez você já tenha ouvido alguém falar, ou mesmo presenciado, uma melhora no quadro de saúde de algumas pessoas que utilizaram métodos pseudocientíficos. As pessoas atribuem a melhoria no seu quadro de saúde a estas práticas, porém, o mais provável é que a melhoria aconteceu apenas pelo efeito placebo, não pela prática.

Mas, Carlos, se algo gera melhoria na saúde de alguém, não é válido? Aqui entramos na questão ética da utilização destes métodos novamente. Seria ético alguém te vender um comprimido de farinha por um preço elevado?

O medicamento normal levou anos de custos em pesquisa e desenvolvimento, anos de testes para comprovar sua eficácia. Pela comprovação dos resultados, e pelos custos envolvidos no desenvolvimento do medicamento, as empresas cobram por seus produtos.

Agora imagine se uma empresa oferece um comprimido de farinha, que não garante nenhum resultado além do efeito placebo, que não gastou tempo nem dinheiro para desenvolver o comprimido, cobrar de você o mesmo que uma empresa que está trabalhando seriamente em busca de uma cura. Fica estranho alguém cobrar caro por algo que não tem comprovação nenhuma de melhora, e que a melhora que pode advir do uso é uma melhora causada pelo próprio indivíduo, sem nenhuma participação da empresa farmacêutica.

Infelizmente é isso que muitas promessas de tratamentos, terapias e de cursos de desenvolvimento humano fazem por aí. Cobram caro por uma pílula de farinha e usam exemplos de casos de placebo para apoiar que seus métodos funcionam.

Mas, afinal, quais são estas pseudociências que alerto neste capítulo? A primeira ideia pseudocientífica que está com grande popularidade nos dias de hoje é a "física quântica do desenvolvimento pessoal". Se você nunca ouviu falar nisso, considere-se uma pessoa de sorte. Nos últimos anos, cada vez mais pessoas se apropriam do termo quântico para usar em algum tipo de "terapia".

Primeiro vamos falar sobre a origem do termo, e depois sobre as aplicações sem nenhuma relação quântica, mas que usam o termo mesmo assim. A mecânica quântica trata-se de uma área da física que estuda processos atômicos e subatômicos. Se pareceu complicado, não se preocupe, o importante aqui é entender a área de estudo do tema: Física.

Por tratar das interações dos átomos no mundo subatômico, muitos dos fenômenos que são medidos nas experimentações são complexos de serem entendidos. Em meio a essa complexidade do tema, surge muita gente que vai se apropriar do termo quântico para usar em outras áreas, criando uma falsa relação entre as áreas.

A pessoa que faz isso ganha destaque devido a uma falácia conhecida como "apelo à autoridade". Quando alguém quer que uma argumentação seja válida, mesmo sem ter argumentos suficientes, a pessoa pode usar algo ou alguém que as pessoas atribuem autoridade para apoiar sua argumentação.

Assim, os profissionais utilizam a autoridade da ciência para ganhar prestígio em suas teorias pseudocientíficas. Como os experimentos com nível atômico produzem resultados de difícil compreensão para não físicos, a brecha no conhecimento da população em geral gera a oportunidade para essas pessoas venderem suas ideias para outros como se fossem científicas e provadas pela "física quântica".

Entre usos comuns, mas não únicos da aplicação do termo quântico erroneamente, estão a cura quântica, terapia quântica, medicina quântica, coaching quântico, orações quânticas, ativismo quântico e mente quântica. Essa enxurrada de termos quânticos que nada tem a ver com a mecânica quântica movimenta milhões todos os anos com promessas de que o seu pensamento cria sua realidade, de que você pode se curar de doenças apenas com o poder do pensamento.

Essas terapias alternativas nada tem a ver com ciência, esse é o alerta para o qual escrevo este capítulo. Não vou usar este espaço para me debruçar em cada uma destas práticas e falar sobre elas. Meu alerta e meu pedido é que cada coisa seja tratada conforme sua natureza, e não alterada de modo que possa induzir pessoas ao erro.

Quando tratamos da saúde de outros seres humanos, isso é uma questão ética de alta gravidade. Não podemos permitir que pessoas continuem morrendo sem o tratamento adequado porque foram induzidas a seguir um tratamento alternativo que se diz com bases científicas, mas de metodologia científica não tem nada.

As pessoas que querem e acreditam em terapias alternativas têm todo o direito de se utilizarem dessas práticas, mas estas práticas têm que deixar claro que não existe nenhuma comprovação da eficácia no tratamento. Mentir sobre a comprovação científica de algo é uma séria violação ética.

Transmitir a informação correta às pessoas é nosso compromisso ético. Se uma pessoa precisa de um tratamento médico, ela deve ser orientada que precisa seguir as indicações médicas, e que, como alternativa, pode, se assim desejar e lhe fizer bem, seguir também com um tratamento alternativo. A falsa noção de que essas terapias são científicas faz muitas pessoas optarem apenas por esses tratamentos, abandonando outras formas de medicina e, consequentemente, colocam suas vidas em risco.

Não é porque uma terapia é alternativa que ela tem custo baixo. Terapeutas quânticos cobram caro por sessões de tratamento, cursos e congressos que envolvem esse tema, não têm preços acessíveis. O preço de um tratamento alternativo, somado à crença das pessoas de que tal terapia seja suficiente, faz com que muita gente abandone o tratamento tradicional e fique apenas com a solução alternativa.

Para o bolso de muitos, custear sessões "quânticas", além das consultas, medicamentos e cirurgias tradicionais não é possível, então eles optam por aquela solução que promete melhora rápida e natural, mesmo que isso não seja possível.

Alguns podem pensar que o nível de escolaridade ajuda as pessoas a discernirem melhor quando ouvem essas promessas quânticas. Mas muitos com boa formação escolar acreditam em promessas de terapias quânticas e promovem isso para outras pessoas como se fosse verdade.

Steve Jobs, fundador da Apple, não tratou o câncer em estágio inicial quando foi identificado, optou por seguir com terapias alternativas. Não foi nenhuma terapia quântica que o pegou, mas foi uma terapia que prometia a cura do câncer através de dieta alimentar.

A recusa de seguir os conselhos médicos logo no início fez com que o câncer entrasse em metástase. E quando resolveu fazer a cirurgia, não havia mais tempo para se curar da doença. Um dos homens de negócios mais respeitados das últimas décadas deixou ser enganado por meios não científicos.

Esse tema quântico ganhou destaque em livros e vídeos no YouTube, mas, na maioria das vezes, são usados fora do contexto científico, sempre envolvendo algum tipo de bem-estar, riqueza e mudanças na vida. Existem até pessoas que prometem uma reprogramação de DNA através das tais terapias quânticas.

Ninguém pode reprogramar o próprio DNA apenas com o poder do pensamento. Aliás, o poder do pensamento nada tem a ver com a mecânica quântica, como estes grupos proclamam. Uma pessoa pode mudar suas crenças, seus pensamentos, mas isso não vai gerar nenhuma relação com a mudança do DNA.

Algumas pessoas são vítimas desses discursos, porque enfrentam uma situação crítica de saúde e sem a informação e conhecimento necessário para fazer uma escolha correta, acabam vitimadas por propostas enganosas. Em situações críticas, torna-se mais difícil fazer as escolhas corretas.

Muitos também são vítimas pela própria ganância e tendência humana de fazer sempre as coisas que exigem menor esforço. Os dois grandes fatores que geram ação no ser humano é evitar uma dor e a busca pelo prazer. E nosso cérebro evoluiu para fazer com que possamos gastar menos energia possível ao realizar nossas tarefas.

Esse conjunto biológico nos faz ser uma peça fácil para acreditar em coisas que oferecem muitos ganhos com pouco esforço empregado. Em vez de ser necessário estudar uma vida toda, economizar, trabalhar durante anos para conseguir criar uma condição financeira melhor, porque não fazer o curso quântico que promete riqueza, saúde e equilíbrio em um final de semana? Tentador, não é mesmo?

Assim, alguém investe o dinheiro suado que levou meses para guardar em um final de semana, ouvindo conceitos pseudocientíficos que não vão proporcionar nenhuma melhoria de vida. E ainda estes que promovem este tipo de atendimento muitas vezes dizem que, se o cliente não melhorar, a culpa é dele porque não mentalizou correto a mudança, não utilizou o pensamento de forma correta para ativar o mundo quântico e outras bobagens do tipo.

Além de venderem um conceito sem nenhuma comprovação da eficácia, ainda culpam os clientes pelos resultados que eles não entregam. Um profissional que divulga uma metodologia que não têm comprovação nenhuma, e ainda culpa os outros pela falta de resultado, precisa repensar seus princípios éticos.

Todos têm a opção de frequentar o tipo de curso ou terapia que se sintam bem, como falei no começo. Mas precisamos alertar as pessoas para exigir notas fiscais e comprovantes destes profissionais pelo serviço. Assim, em caso de o resultado não ser como o prometido, é possível recorrer na justiça com um pedido de indenização. Inclusive, se um tratamento levar alguém a óbito, os familiares têm o direito de recorrer na justiça contra o profissional.

Os nichos que mais rendem dinheiro são os que tratam de saúde, relacionamento e finanças. Todo ser humano já passou ou vai passar por alguma dificuldade nestas áreas ao longo da vida. Como queremos resolver estes problemas, estamos dispostos a pagar para quem fornece uma solução. É aí que surgem novas propostas. Algumas, inclusive, misturam o místico para atrair novos públicos. Utilizam termos científicos para conquistar a audiência, mas no final não entregam o que prometem porque são feitas sem bases sólidas.

Não é apenas de terapias quânticas que vive este mundo da pseudociência da cura. Outras terapias como a Barras de Access e o Thetahealing crescem a cada dia sem nenhuma comprovação científica dos resultados prometidos para o bem-estar. Inclusive, a fundadora do movimento Thetahealing já foi processada por fraude nos Estados Unidos.

Não vou me aprofundar nestes temas aqui, meu compromisso é alertar dos perigos que podem envolver você e sua família. O compromisso ético é em zelar pelo bem-estar dos outros, e não poderia deixar passar estes assuntos que podem gerar danos materiais e físicos em outrem.

Se quiser pesquisar sobre estes temas, recomendo o canal do YouTube "Física e Afins", da física teórica Gabriela Bailas. Se você foi vítima ou conhece alguém que tenha sido vítima desses discursos, a legislação brasileira tem um artigo para a proteção do cidadão brasileiro.

Art. 283 do Código Penal – Decreto Lei 2848/40

CP – Decreto Lei nº 2.848 de 07 de Dezembro de 1940

Art. 283 – Inculcar ou anunciar cura por meio secreto ou infalível:

Pena – detenção, de três meses a um ano, e multa.

Curandeirismo

29
COVID-19
E ÉTICA

Em 10 de julho de 2020, os dados oficiais da transmissão do coronavírus no Brasil eram de mais de 1,7 milhão pessoas contaminadas, e mais de 69 mil mortes causadas pela transmissão da doença. No mundo, temos mais de 12 milhões de pessoas contaminadas e mais de meio milhão de mortes ocasionadas por essa doença.

Qual a minha intenção em propor um debate sobre o tema Covid-19 em um livro que trata sobre ética? A finalidade aqui é trazer à tona discussões e posturas que tomamos no dia a dia em uma situação de contágio como essa que vivemos, e analisar o que podemos melhorar em termos de postura ética para o futuro.

Quando este livro chegar em suas mãos, os números que citei no primeiro parágrafo serão diferentes. É possível que uma vacina já esteja imunizando milhões de pessoas ao redor do mundo, é possível também que o medo de contágio ainda continue a existir e as medidas de afastamento e higiene ainda tenham que ser aplicadas com rigor.

Reforçamos a ideia durante essa epidemia que um mundo globalizado compartilha também problemas globais, e que, unidos, conseguimos responder a desafios globais com mais eficiência. Alguns destes problemas globais já falamos em capítulos anteriores, como a economia e o meio ambiente. Problemas que são de todos, mas ignorados pela maioria.

Com o vírus, a noção de "problema de um é problema de todos" se tornou mais evidente. A economia globalizada faz com que executivos e profissionais viajem a negócios todos os dias ao redor do mundo. Um profissional toma café da manhã em São Paulo e janta em Roma no mesmo dia. São milhares de profissionais cruzando continentes em aviões diariamente.

Vírus que causam estragos na humanidade surgem de tempos em tempos, e com a conectividade que temos hoje, ficamos à mercê do surgimento de novas pandemias com frequência. Se um novo vírus, do qual a humanidade ainda não tem imunidade, surgir e tiver uma alta taxa de contaminação, é muito provável que se torne uma pandemia.

Essa crise gerada pelo coronavírus pode nos ensinar muito sobre como podemos reavaliar algumas posturas éticas que foram tomadas. Ninguém ficou de fora desse momento. Podemos aprender e melhorar para que de uma próxima vez tomemos posturas mais adequadas. Alguns exemplos de posturas que devemos avaliar são em relação a governos, empresas e nossa própria postura.

Com a postura dos governos e governantes, precisamos analisar se as ações tomadas foram coerentes com a crise sanitária que enfrentamos. Foram tomadas medidas para preservar a saúde das pessoas? Foram seguidas as sugestões das autoridades médicas referente ao tratamento da doenças? O apoio à economia durante a crise sanitária foi tratado com a urgência que a situação exigia? Houve relação ética nas compras realizadas durante a crise?

Entidades como a Transparência Internacional e o Observatório Social do Brasil monitoraram os portais de transparência dos governos estaduais para verificar se eles traziam informações de forma fácil e clara sobre as compras emergenciais durante a pandemia. A participação cidadã faz toda a diferença para garantir que o dinheiro público seja bem aplicado pelos governos.

O compromisso de exercer a cidadania não se esgota ao votar no candidato. A tarefa continua monitorando os candidatos que foram eleitos. Temos que exigir postura ética, e acompanhar como nosso dinheiro está sendo aplicado. A participação efetiva da população garante melhor uso do dinheiro público.

Podemos avaliar o compromisso ético das empresas nessa crise na forma como implementaram métodos para garantir a saúde dos funcionários e clientes, além da saúde econômica dos seus funcionários. A queda nas vendas geradas pelo afastamento social gerou demissões em muitas empresas. Devemos avaliar quais empresas implementaram medidas de apoio aos funcionários demitidos, quais buscaram preservar os empregos pelo máximo de tempo, quais ficaram no discurso hipócrita de não demissão, mas cortaram logo que a crise se iniciou, e quais não demonstraram compaixão pela saúde dos brasileiros, colocando o lucro na frente de vidas. Com estas posturas podemos aprender quais empresas devemos continuar depositando nossa confiança e nosso dinheiro, quais empresários realmente fazem algo pelo país e quais têm apenas discurso e nada de prática.

Precisamos investigar nossa postura ética durante a pandemia, o centro do círculo de influência e de onde parte nossa ação no mundo. Eu não tenho nenhuma formação em medicina, não faço parte da OMS, então, não posso lhe dar nenhuma recomendação particular sobre como se cuidar durante a pandemia.

O que posso fazer de forma íntegra é recomendar que você siga as recomendações dos especialistas nas áreas. Por não ter nenhuma formação na área médica, eu induzir alguém a tomar cuidados com a saúde que sejam contrários das indicações médicas seria uma postura antiética da minha parte.

Assim como recomendar um remédio que não tenha comprovação de eficácia médica também é antiético, pois pode causar danos a sua saúde. De forma ética, o máximo que posso indicar, e também tenho a obrigação de cumprir, é lavar as mãos com água e sabão, usar álcool em gel para desinfetar as mãos quando em locais sem acesso à água e sabão, usar máscara de proteção e manter o afastamento social para evitar a propagação da doença.

> **Mesmo que eu tenha boa saúde e até um histórico de atleta, não posso descumprir ou indicar alguém para descumprir normas sanitárias passadas pelos especialistas médicos. A doença pode até se apresentar para mim de forma assintomática, ou seja, sem apresentar sintomas, mas olhar apenas para meu próprio eu é egoísmo.**

Através do nosso círculo de influência, entramos em contato com muitas outras pessoas, e estas entram em contato com outras e outras. Dentre estas, algumas são idosas, outras têm pressão alta ou diabetes. Estas são pessoas do grupo de risco, com chances menores de sobreviver quando acometidas pelo coronavírus. Não conseguimos prever o impacto de uma contaminação nossa em outras pessoas do círculo de influência, e alguém pode ser vítima fatal e nunca ficarmos sabendo.

Esse alerta não é para aqueles que tomam os devidos cuidados e mesmo assim acabaram contraindo o vírus de alguma forma. Mas para aqueles que, descuidados e teimosos, não cumprem as normas básicas de higiene solicitadas.

Durante o pico da epidemia no Brasil, grupos começaram a se reunir sem nenhum cuidado. Ignoravam o afastamento social solicitado, expondo a si mesmo e a outros ao risco de contaminação. São pessoas que pedem pela liberação do comércio, mas não enxergam como suas atitudes prejudicam a abertura da economia.

Ao descumprir as normas recomendadas pelos especialistas, estas pessoas colocam em risco a vida de outros, e atrasam a vida de milhões de pessoas que não podem voltar a trabalhar porque a doença não para de crescer no Brasil.

PARTE 7

ÉTICA
NO AMBIENTE
EMPRESARIAL

"O erro da ética até o momento tem sido a crença de que só se deva aplicá-la em relação aos homens"

ALBERT SCHWEITZER

30
ORGANIZAÇÕES
MAIS SAUDÁVEIS

Tratar de ética dentro das organizações tornou-se uma necessidade real para a sobrevivência em longo prazo das operações de uma empresa. Uma empresa é uma representação micro de uma sociedade, e por isso temos que dedicar um olhar atento sobre o tema ética dentro da organização, conscientizar diariamente os colaboradores na prática da ética e guardar para que esse valor não fique apenas estampado em painéis pela empresa, que esse valor seja praticado diariamente nas relações em que a organização está envolvida.

As práticas éticas organizacionais englobam:

FORNECEDORES: Quão saudável é a relação da empresa com seus fornecedores? Muitas empresas têm porte maior do que seus fornecedores e, em troca de bons contratos, nasce uma relação de troca que resulta em um relacionamento ganha-perde. A empresa pressiona o fornecedor em preço, qualidade, prazo de pagamento e entrega, utilizando seu tamanho no mercado como forma para obter vantagens próprias, que, em algumas situações, podem comprometer a operação de seus fornecedores.

FUNCIONÁRIOS: Ter um manual de conduta ética não garante o cumprimento ético dentro de uma organização. Ética caminha junto com responsabilidade. Dessa forma, aqueles que possuem as maiores responsabilidades dentro da organização devem ser os alicerces éticos da corporação. Diretores, gerentes e supervisores devem servir de exemplo de conduta dentro das empresas. Através deles, os funcionários devem enxergar um modelo dos valores da empresa.

CLIENTES: De um a dez, qual é o nível de honestidade que a organização mantém com seus clientes? Toda organização enfrenta problemas diários, sejam dificuldades geradas por um atraso de fornecedor, por erro operacional ou por uma quebra de máquina que vai atrasar a produção. As mais diversas causas podem gerar algum impacto no cliente, que vai gerar um tipo de insatisfação. Quando a organização lida com seriedade na resolução dos problemas do cliente, ela demonstra na prática o valor que ela atribui a ele.

MEIO AMBIENTE: Como um ser vivo, a organização consome recursos do meio ambiente e devolve detritos. O trabalho realizado sem visão ética pela organização acarreta graves impactos ambientais, seja no consumo de matérias-primas, seja na geração de poluição.

ACIONISTAS E SÓCIOS: Os que são detentores do controle societário da companhia devem zelar pela conduta ética da empresa na sociedade valorizando comportamentos éticos, pois é nesses comportamentos que reside o potencial da empresa de existir ao longo dos anos.

No dia a dia das corporações, existe a constante luta entre ações e valores. Os valores pregados pela empresa em seus manuais de ética são vivenciados cotidianamente? Não. Se conseguíssemos vivenciar os mais profundos valores éticos em microambientes, também o faríamos na sociedade, e o que observamos cotidianamente é uma sociedade em busca de um eixo central de ética, valores e pessoas que vivam esses valores, não que falem sobre eles. A distância entre falar sobre ética e viver de forma ética é grande, e dentro das empresas possui o confortável pensamento de que a cultura organizacional já conhece os valores de ética da empresa e por isso não se faz necessário um reforço sobre eles. Os departamentos responsáveis enxergam a necessidade de elaborar treinamentos técnicos para suas equipes, contudo, maior resultado seria obtido se não houvesse negligência quanto à ética praticada dentro da corporação.

> Somos míopes quando tratamos de falar sobre ética, não enxergamos ou apenas não queremos enxergar os corriqueiros desvios dentro das organizações. Coloquemos, então, nossas lentes corretivas éticas e encaremos com firmeza os desvios que presenciamos e cometemos cotidianamente.

Não vivemos uma época para continuar a ignorar os desvios éticos dentro das organizações, porém, diariamente gestores e funcionários fecham os olhos para os desvios éticos e continuam a realizar suas tarefas como se aquelas atitudes fossem normais. Esses desvios passam despercebidos por olhares desatentos devido à tamanha normalidade que atribuímos aos "pequenos" desvios éticos cotidianos. Vivemos socialmente quase que um culto ao feio, em que ações éticas são vistas com surpresa, quando deveriam ser encaradas como a única alternativa viável para se fazer algo.

O DESRESPEITO

Cada vez mais companhias de grande porte se preocupam em como seus gestores se relacionam com seus subordinados. Durante anos floresceu uma cultura de líderes malformados que tratavam seus subordinados de forma grotesca, imperando o desrespeito no relacionamento, seja pela ofensa, coerção ou brincadeiras de mau gosto.

O número de processos por assédio moral e o valor das multas nesses processos vem aumentando nos últimos anos, reflexo da informação dos funcionários que, cientes de seus direitos, buscam por indenizações pelos abusos morais que enfrentam dentro da empresa. Mas esse crescente número revela outro ato preocupante: ainda enfrentamos esse tipo de abuso nas corporações. Para o empresário, esses números refletem em prejuízo de diversas formas:

a) Valor a ser pago ao funcionário indenizado;

b) Prejuízo no ambiente de trabalho. Funcionários expostos a tratamentos vexatórios produzem menos, não utilizam sua capacidade de criatividade por medo de exposição ao ridículo e não buscam soluções alternativas para os problemas que a empresa enfrenta pela falta de envolvimento que criaram com a empresa. Além do dano ao funcionário, toda a equipe acaba sendo lesada ao presenciar esse tipo de atitude com um colega de trabalho;

c) Prejuízo à marca da empresa. Esse tipo de assédio normalmente vai para fora do ambiente da empresa, seja por uma conversa informal entre o funcionário lesado com amigos e familiares ou ao cair na mídia devido a uma ação na justiça. De ambos os modos, a empresa perde o controle do problema que aconteceu e da forma que isso vai acarretar na depreciação da marca frente ao mercado consumidor.

A situação de desrespeito não é restrita ao tratamento de chefe e liderado. Grande parte do desrespeito acontece entre os próprios funcionários. Pela política da "ética no papel" adotada pelas empresas, os desrespeitos e a falta de cortesia no trato entre funcionários florescem na maioria das companhias, um mal que parece se tornar maior conforme as empresas crescem.

São piadas de mau gosto, tratamentos preconceituosos, separatismo entre departamentos, competitividade desenvolvida de forma negativa, fofocas e atitudes agressivas. Sutilmente, esses comportamentos se infiltram entre as pessoas e passam a ser corriqueiros, como se falar mal de outro colega ou tratar de forma grosseira uma solicitação fosse algo comum e aceitável no tratamento humano. Devemos alinhar um respeito que fomente uma boa convivência entre colaboradores, exemplificando de forma clara como essas atitudes são negativas para criar um ambiente saudável.

AS PARCERIAS COMERCIAIS

O tratamento com os fornecedores deve ser justo, não uma relação "minha empresa ganha e a sua perde, é assim que são as coisas". Ainda vemos empresas atrasarem o pagamento dos seus fornecedores para usar o dinheiro no fluxo de caixa. Como gestores com essa cultura vão exigir ética empresarial de seus funcionários? O empresário que aceita e comete esse tipo de arbitrariedade deve ter empatia e se perguntar se gostaria que seus clientes fizessem o mesmo com os pagamentos ou, então, como reagiria se um funcionário vendesse um projeto confidencial para seu concorrente. A ética que exigimos do outro nem sempre é a mesma que cobramos de nós mesmos. Por isso, a ética nasce primeiramente em nossas atitudes, para assim termos força moral para cobrar atitudes éticas de outros sem hipocrisia.

DAI A CÉSAR O QUE É DE CÉSAR

Assim como o consumidor final paga os pesados encargos do produto, o empresariado e sua gestão devem ter a conduta ética no pagamento dos impostos. Os impostos podem ser elevados, mas o não pagamento significa o desvio de recursos para áreas que contam com eles. Devemos cobrar dos governantes um bom uso dos impostos arrecadados, mas, para isso, primeiro devemos honrar com nossa parte, recolhendo corretamente os impostos devidos e exigindo a destinação destes corretamente.

DEMAGOGIA

Percebemos tardiamente o impacto que causamos ao planeta com nossos hábitos insaciáveis de consumo. Uma visão holística começa a brotar como semente nesta sociedade. Parte disso pela própria necessidade de que, se não houver mudança, não haverá futuro, e parte pelo papel atuante das organizações de cunho ambiental espalhadas ao redor do mundo. O consumidor se preocupa mais com o meio ambiente e apoia empresas que compartilhem de sua preocupação.

Mas, nessa onda ambientalista, surgem aqueles que querem apenas "surfar", sem compromisso verdadeiro com uma preocupação ambiental. Incorporam valores ambientais para se adequar às exigências do governo ou, por demagogia, criam um falso discurso ambiental que tem como principal finalidade trazer mais consumidores para sua marca do que diminuir o impacto que o negócio causa ao meio ambiente.

Neste caso, estão incluídas empresas que investem R$ 1 mil para a restauração de um parque e R$ 30 mil para anunciar que fizeram isso. A preocupação ambiental está em sempre rever seus processos para que impactem menos na natureza, tanto no consumo de matéria-prima quanto na geração de resíduo. E, não menos importante, mas fator primordial, é educar seu cliente para um consumo consciente. Pensar em vender mais e mais, obsolescência programada e geração de necessidades no mercado consumidor são formas de propagar uma cultura que vai consumir os recursos totais do planeta, deixando para as próximas gerações um ambiente inóspito para sobreviverem.

A sobrevivência, tanto da corporação quanto uma forma digna de vida para as futuras gerações, depende de verdadeiras e conscientes ações ambientais. A demagogia de falar em uma direção, mas poupar esforços na realização dos trabalhos necessários para garantir um planeta saudável, precisa ser abandonada antes que sejamos nós abandonados à própria sorte em um planeta de clima e condições inóspitos à nossa sobrevivência.

SÓCIOS E ACIONISTAS

Uma corporação tem por finalidade o lucro e, como premissa para uma empresa comercial, não há problema em obter lucro no decorrer de suas atividades. O lucro é necessário para manter os postos de trabalho, para ampliação dos negócios, para gerar novos empregos, para a ampliação dos benefícios dos funcionários, para pagar os dividendos ou pró-labore aos controladores da empresa que investiram capital e energia na fundação da companhia. A questão ética envolve quando o lucro é perseguido de forma descontrolada, como única finalidade da corporação, como bem maior a ser alcançado e que deve ser atingido a qualquer custo.

A necessidade de uma empresa gerar lucro não pode ser transformada em uma "necessidade descontrolada por gerar cada vez mais lucro". O lucro tem que vir mediante a ação ética da empresa em todos os campos e não deve ofender a integridade do funcionário, tanto física como psicologicamente, não deve vir através da exploração sem controle dos recursos naturais e não deve vir de envolvimentos corruptos entre a empresa e o governo.

A alta liderança deve repensar em quanto de lucro a empresa precisa para manter suas atividades saudáveis e prover esse retorno através da operacionalização correta de suas atividades. A busca de lucros gananciosos afunda a empresa em caos moral. Empresas que cultivam o ambiente de lucro a qualquer preço são berços para serem vítimas de suas próprias formas de conduta, possibilitando que funcionários venham a desviar verba da empresa em busca de lucros rápidos.

Sócios e acionistas têm que se recordar que a finalidade de uma empresa não é apenas gerar lucro. Toda empresa oferece um produto ou serviço para a comunidade, e oferecer isso sem agredir nenhuma das partes envolvidas no processo é dever da corporação.

Os desafios éticos nas organizações são tão grandes dentro como fora delas. Dentro das organizações, encontramos indivíduos com crenças, escolhas pessoais, posicionamentos políticos diferentes um do outro. Propiciar o ambiente ideal para o bom convívio das diferenças é dever das organizações. O resultado desse convívio ético proporciona melhor retorno sobre o investimento para os sócios, melhor qualidade no trabalho para os funcionários e melhor relacionamento da empresa com clientes e fornecedores.

Alcançar isso é um desafio diário que passa pela alta diretoria e recursos humanos, e chega a cada funcionário. As organizações se ocupam em criar manuais de ética, em contratar eticistas para ajudar a difundir a ética dentro da empresa. Porém, liderança e recursos humanos devem se recordar de que a ética na empresa não surge de manuais. Construir uma organização ética se faz no dia a dia empresarial, moldando os valores culturais negativos por outros melhores, transformando palavras em ações, com gestos éticos que demonstrem aos colaboradores a importância atribuída ao comportamento ético dentro e fora dos muros da empresa.

31
O QUE É BOM
PARA A COLMEIA
É BOM PARA A ABELHA

Separar em núcleos diferentes a forma como agimos em família, empresa e sociedade é gerar uma fragmentação do próprio eu que vai culminar em estresse, apatia ou em irritabilidade descontrolada com tudo e com todos. Sendo a ética que nos interessa construída por valores permanentes, por que deveríamos nos comportar de modo diferente em lugares diferentes? Poderíamos afirmar que ser justo dentro da empresa é válido e ser injusto na família também é válido? Ou, então, que com a família devemos ser bons, mas com os outros não temos responsabilidade de ser bons? A resposta é não.

Sabemos que essa ética que procuramos, e que tanto faz falta nos dias atuais, é uma ética que funciona quando aplicada em todos os ambientes que visitamos, para ser vivida em cada momento de nossa vida e compartilhada com todas as pessoas. Não há adaptação ética quando falamos de valores morais. A honra não muda, independentemente se você trabalha em uma empresa pública ou privada, não muda se sua função é cuidar da limpeza da sala ou gerenciar centenas de funcionários. O que muda é apenas a forma externa de apresentação vivenciada em momentos e locais específicos.

A vestimenta exigida em uma reunião no escritório do cliente, ou em um evento de gala, não é a mesma vestimenta exigida para um banho de piscina. Cuidar de usar a roupa adequada para cada momento, manter modos corteses à mesa, refere-se à etiqueta. Etiqueta é uma pequena ética, que vamos adaptando conforme a necessidade das mudanças temporais que temos ao passar dos anos. Uma roupa formal ou mesmo uma roupa informal usada há trezentos anos não é a mesma que consideramos adequada para se usar nos dias de hoje. Porém, cuidar apenas da etiqueta não basta. Seja na piscina do clube ou na reunião com o cliente, devemos buscar a ética mais profunda que envolva essas relações.

Vivemos socialmente como se estivéssemos em um baile à fantasia. Funciona mais ou menos assim:

Chegamos ao trabalho e colocamos a máscara de funcionário. Durante o decorrer da jornada, muitos revezam as máscaras do baile. Perto do chefe, alguns preferem usar a máscara de "funcionário do mês". Perto do cliente, a máscara de "atendimento nota mil". Temos a máscara de "funcionário proativo", "funcionário responsável", entre outras que levamos na bagagem quando saímos de casa para o trabalho. Então, em determinado momento do baile, alguns retiram a máscara de "funcionário proativo" e colocam a de "injustiçado".

Reclamam para um e para outro o que passam na empresa. Outros trocam a máscara de "atendimento nota mil" para a de "meu cliente é um pé no saco", aí dizem como sofrem para atender tal cliente. Alguns, durante a jornada, trocam a máscara de "funcionário do mês" pela de "meu chefe não serve para ser chefe". E, assim, conforme o baile de máscaras do trabalho acontece, cada um vai usando a máscara que mais acha adequada para representar uma cena, que tem por finalidade pôr em destaque o próprio ego, ressaltando as qualidades que tem e que sobressaem às dos demais, ou então quantas dificuldades ele enfrenta diariamente de forma estoica.

O baile não para durante o período do trabalho. Após sair para o trabalho, o funcionário pega seu carro e logo escolhe a máscara mais adequada para dirigir naquele dia. Às vezes, pega a máscara de "piloto de fuga" e sai ultrapassando todos pela rua, pega a máscara de "pessoa mais atrasada do mundo" e não pode esperar o semáforo abrir, por isso precisa passar no vermelho. Então, o baile continua no supermercado, onde a máscara mais adequada a ser usada é a de "cliente chato" e começam as reclamações na fila do caixa do mercado. E, quando chega em casa, o cidadão tem que escolher mais uma das tantas máscaras que usa no baile diariamente. Pode escolher a de "pai amoroso", a de "cansado", a de "sou eu que faço tudo nesta casa", a máscara clássica do "sou eu que faço tudo naquela empresa".

Todas essas máscaras, no final, são usadas como uma forma de defender nosso próprio querer, nossos desejos e opiniões de como acreditamos que as coisas devem ser, como seria melhor se as coisas fossem do nosso jeito. É necessário ver o mundo sem muitas máscaras, mostrar nossa cara ao mundo e ver a cara do mundo por trás do que acreditamos que é apenas nossa dor. É preciso encontrar uma solução que seja boa para todos em nosso convívio diário, não ser vítima nem opressor de um planeta já castigado por nosso egoísmo.

> Encontrar uma solução boa para todos exige que superemos em alguma parte nosso egoísmo, independentemente de qual lado de uma negociação nos encontramos, seja como pai, filho, empregado ou gerente. Podemos buscar em uma antiga premissa do imperador Marco Aurélio um auxílio para muitas decisões que precisamos tomar: "O que é bom para a colmeia é bom para a abelha."

Isso significa que, se pensarmos mais para o coletivo, conseguiremos construir soluções melhores. Essas soluções vão atender ao coletivo e ao individual. Dentro das organizações, essa busca deve ser constante, gerando, dessa forma, um contínuo repensar em como fazer as coisas serem melhores. Mas o melhor não se refere a gerar mais lucro a uma das partes, mas a distribuir a parte justa a todos da colmeia, a produzir um resultado no qual a colmeia seja a grande favorecida, não partes isoladas dela.

É bom para a organização que a sociedade veja nela uma fonte que agrega para a comunidade, não uma fonte que explora recursos naturais e mão de obra para gerar lucro mais rápido. É bom para o trabalhador que encontre meritocracia na organização ao realizar seu trabalho e justiça nas condições trabalhistas. É bom para a gerência que encontre funcionários comprometidos com suas funções. É bom para o meio ambiente quando há uma empresa solidamente comprometida com o futuro do planeta, não apenas com a demagogia do discurso. E é bom para os sócios uma empresa preocupada com a própria sobrevivência de longo prazo, pois, sem isso, os sócios terão o mel para comer hoje, enquanto no amanhã as abelhas vão ter saído da colmeia ou o próprio ambiente externo vai devorá-las.

32

EMPRESA
E FUNCIONÁRIO

A interação entre empresa e sociedade deve acontecer em várias frentes, de forma constante e sólida, com ações que demonstrem o real interesse da empresa pelo macroambiente em que está inserida.

TRANSPARÊNCIA NA COMUNICAÇÃO: Cultivar um relacionamento de confiança com funcionários nasce da comunicação adequada entre as partes. A linha de comunicação de "cima para baixo" e de "baixo para cima" deve ser a mais clara possível, limpa de ruídos, e, quando estes aparecerem, deve a gerência se atentar aos boatos para o seu esclarecimento. Compartilhar resultados, planos para o futuro e manter uma linha aberta de comunicação entre empresa e funcionário é decisivo para a transparência da comunicação.

RECURSOS HUMANOS ENGAJADO: Desenvolver um RH engajado socialmente, que mostre aos funcionários ações que a empresa faz na comunidade e consiga gerar nos funcionários o compromisso de pertencimento a uma causa que a empresa apoia. A empresa deve se atentar às necessidades da comunidade e às entradas de informações trazidas através dos próprios funcionários. A partir das necessidades levantadas, gerar um plano de ações sociais, que pode se estender para creches, asilos, campanhas de doação e ações ambientais.

QUALIDADE DE VIDA: O investimento com a qualidade de vida do funcionário deve ser feito com o real sentimento de preocupação com a saúde dele. A iniciativa não deve ser vazia, para cumprir um formulário ou com a preocupação de que o funcionário que adquire uma doença de trabalho gera prejuízo para a empresa. Focar ações voltadas com esse pensamento é gerar uma ação mesquinha, que não vai produzir os resultados necessários para levar um ganho real na qualidade de vida do funcionário. Ações voltadas para o aumento na qualidade de vida do funcionário devem englobar ginástica laboral, alimentação saudável, grêmio esportivo com envolvimento de atividades como jogos e confraternizações, além de um acompanhamento da quantidade de horas semanais trabalhadas. Muitas empresas negligenciam funcionários que possuem um banco de horas alto. Se um funcionário, de forma recorrente, não consegue cumprir suas tarefas dentro do horário de trabalho, isso é razão para preocupação da empresa, pois pode ser indicativo de algum problema como:

 a) O funcionário está sobrecarregado ou
 b) Está com dificuldades para desempenhar sua função.

Funcionário sobrecarregado trabalha cansado, rende menos e gera mais riscos à própria saúde e à daqueles que trabalham com ele. Funcionário mal treinado se desmotiva, e essa desmotivação pode impactar outros funcionários e clientes. Estar atento aos funcionários "viciados em trabalho" é um cuidado da empresa para com seu colaborador, um cuidado que presta um serviço com a saúde do funcionário, com a vida familiar e social do colaborador e que garante que o funcionário, ao longo dos anos, vá desempenhar bem a sua função.

SEGURANÇA: Garantir um cumprimento das regras de segurança, disponibilizar os equipamentos de proteção necessários para cada funcionário executar sua função, melhorar a ergonomia dos ambientes de trabalho, gerar uma ação ativa no monitoramento para que as ações de segurança sejam cumpridas, transferir autonomia para os técnicos de segurança advertirem os funcionários que descumprem as regras de segurança. Esses são alguns caminhos a serem tomados dentro da organização para garantir que os colaboradores voltem com saúde para suas casas. A segurança ainda é negligenciada por muitos funcionários. É comum encontrar aqueles que preferem realizar uma tarefa de forma mais rápida, burlando, desse modo, os meios de segurança e colocando em risco a sua vida e a de outros. A empresa deve educar na importância de realizar uma tarefa dentro das normas de segurança, punir aqueles que descumprem essas normas e incentivar ações preventivas geradas pelos próprios colaboradores em suas áreas de trabalho.

EDUCAÇÃO: Mapear as necessidades técnicas e comportamentais de seus colaboradores e prover uma educação direcionada de forma adequada a todas as células da organização. O preparo técnico dos funcionários melhora a sua motivação na realização de sua função, enquanto funcionários mal treinados perdem o rendimento no trabalho, colocam em risco sua segurança pessoal, podem gerar perdas operacionais e insatisfação no cliente. Mas não cabe apenas à empresa prover uma educação técnica, é de responsabilidade da empresa enquanto o funcionário está em suas dependências prover uma educação humana.

A palavra "educação" vem do latim e significa "conduzir para fora". Nesse sentido, a empresa preocupada socialmente deve educar seus funcionários para que aprendam a se conduzir na sociedade. Educar o funcionário dentro de valores éticos, valores que ele passe a conhecer e aplicar não apenas dentro dos muros da empresa, que ele aprenda a levar para a sociedade, tendo uma conduta de forma moral não apenas dentro, mas também fora das organizações. Essa educação também deve permitir que o funcionário perceba suas próprias habilidades e talentos, e assim as conduza para fora, colocando em prática suas habilidades e contribuindo com elas dentro e fora da organização.

> Agir de forma ética é definir qual é a melhor forma de remuneração a ser aplicada e quais benefícios são repassados aos funcionários. Pressionar a equipe contra a parede para atingir resultados, mesmo que isso signifique levar o funcionário a ter uma jornada de trabalho que ao longo dos anos comprometerá sua saúde, é ir contra os princípios de segurança, qualidade de vida e ética dentro da organização.

REMUNERAÇÃO JUSTA: Assim como toda empresa precisa manter seu fluxo de caixa positivo para garantir a existência, também seus funcionários precisam receber uma remuneração para executar suas funções na empresa. Políticas agressivas de bônus em detrimento dos salários-base dos funcionários precisam ser revistas anualmente. Tais políticas devem ser analisadas não apenas sob a ótica financeira da empresa, observando os altos rendimentos obtidos com o alcance das metas. É necessário avaliar como essas políticas impactam na vida do colaborador. Aumentou o número de absenteísmo no último ano? A jornada dos funcionários se estendeu? Cresceu o número de funcionários afastados por alguma doença de trabalho? Enxergue no ser humano um colaborador, não apenas porque é chamado assim, mas porque a empresa valoriza o ser humano que executa o trabalho.

33
CULTURA SOCIAL
E CULTURA ORGANIZACIONAL

Cultura refere-se ao ato de cultivar, portanto, cultura não é algo pronto, que sempre foi como é hoje e continuará do mesmo jeito no futuro. Seja em sociedade ou dentro das organizações, caímos no discurso de que "as coisas sempre foram assim". Nas organizações, são observadas as mesmas resistências para mudanças, com ideias apoiadas no passado para justificar as condutas vividas no presente: "já era desse jeito quando cheguei", "as coisas não mudam mesmo", "isso é cultural". Todos esses termos parecem boas desculpas para não agir sobre a cultura organizacional, mas em verdade são péssimas justificativas. Afirmar que um comportamento não muda e não é possível mudar porque essa forma de agir é cultural por si só já é a falácia pela qual devemos começar a mudança. Se um comportamento instalado é cultural, significa que um grupo de indivíduos vem cultivando esse tipo de comportamento, e esse cultivo dá seus frutos no momento presente de uma sociedade ou de uma organização.

Entender que o resultado cultural vem decorrente de práticas e pensamentos cultivados em algum momento histórico, seja em um período curto da história ou hábitos cultivados ao longo de séculos, serve para observação do presente e visualização do futuro.

Como diz o provérbio: "Podemos escolher o que plantar, não o que vamos colher". Quais são os frutos que colhemos hoje em nossa sociedade? Quais são os frutos que colhemos dentro da empresa? Essa cultura praticada diariamente é um cultivo positivo para a organização e seus funcionários? Os frutos provenientes desse cultivo são saudáveis ou nos alimentamos de ervas daninhas no dia a dia? Quais são os vícios que a organização vem cultivando nos últimos anos? Como esses vícios impactam no relacionamento entre os funcionários? Qual é o impacto disso no microambiente do funcionário, como impactou a família do funcionário? Qual é o impacto disso no macroambiente, como o funcionário aplica a influência cultural que recebe da organização na sociedade?

É imprescindível uma análise de duas vias entre a influência empresa e sociedade e sociedade e empresa. Os departamentos de marketing e vendas se aprofundaram nos estudos de como a influência cultural pode impactar na aceitação ou não aceitação de um produto pelo mercado consumidor, mas ficar restrito apenas a isso é pouco, entender a cultura de uma sociedade apenas para fomentar mais vendas e aumentar os lucros dos acionistas não é o suficiente para se posicionar como uma empresa eticamente responsável. A empresa deve analisar a cultura organizacional e sua influência macro e micro na sociedade. Essa é a principal forma de como uma organização pode apoiar na construção de uma cultura de valores válidos na sociedade.

Para que essa iniciativa se torne viável, a empresa necessita:

- Buscar um modelo de cultura organizacional que valorize o ser humano;
- Educar o funcionário para viver os valores da cultura organizacional em outros aspectos da vida pessoal;
- Analisar os feedbacks obtidos dos funcionários com a experiência de vivência da cultura organizacional, dentro e fora da empresa;
- Plano para esclarecer e apoiar nas dificuldades apresentadas pelos funcionários através do feedback de experiência.

Um esclarecimento que talvez se faça necessário: os pontos abordados acima não devem e não têm a intenção de doutrinar funcionários em qualquer cultura organizacional, têm a finalidade de ensinar os funcionários de uma organização a levar boas práticas para seu cotidiano, por isso a cultura da organização deve ser focada no ser humano.

Muito esforço, tempo e dinheiro são gastos anualmente dentro das organizações para ensinar os funcionários a desenvolverem capacidades comportamentais como liderança, trabalho em equipe, proatividade, criatividade, dentre tantas outras. Cada organização possui suas necessidades, que no final são necessidades humanas de desenvolvimento. Muito de todo esse esforço é desperdiçado, ficando pouco retido com o funcionário e menos ainda aplicado na organização. Isso não significa que os programas de formação foram ruins, mal-elaborados ou com instrutores malformados.

O fato de pouco do que é ensinado ser transformado em resultados concretos vem da falta de orientação de como o funcionário pode encontrar oportunidades para aplicar o que lhe foi ensinado, oportunidades dentro e fora da organização. Quando o ensinamento sai do papel e passa a fazer parte da rotina diária, os resultados serão observados, gerando os efeitos que a empresa espera com o investimento e também gerando resultados na vida pessoal do funcionário que foi treinado. Alguns breves exemplos de sugestões que podem ser realizadas durante os programas corporativos de treinamentos:

LIDERANÇA: Ilustrar que o funcionário deve exercer a liderança de "si mesmo", desenvolvendo a responsabilidade por suas tomadas de decisões, não colocando a culpa em outros por seus resultados.

TRABALHO EM EQUIPE: A base de um bom trabalho em equipe é a convivência com respeito. Sugerir aos participantes de um treinamento de trabalho em equipe que façam uma ligação ou procurem marcar uma reunião com alguém de fora do meio profissional em que não se tem muita afinidade, mostrando a importância dessa convivência tanto para a carreira profissional como no fortalecimento de laços pessoais.

PROATIVIDADE: Sugerir que os funcionários iniciem um projeto em sua vida pessoal o mais breve possível, algo que eles normalmente não fazem e que tenha potencial de movê-los da zona de conforto. A escolha fica a critério do funcionário, sendo a iniciativa mais importante do que a tarefa. A escolha pode ser desde oferecer um churrasco para a família, levar os filhos ao camping, começar uma atividade física, voltar aos estudos, escrever uma monografia... Cada funcionário vai pensar em algo. A realização da tarefa servirá como uma base sólida para o funcionário avaliar sua capacidade de realização e desenvolver a iniciativa para começar coisas novas.

CRIATIVIDADE: Propor ao funcionário que resolva uma situação adversa de forma diferente na vida. A situação pode ser uma dificuldade que tem hoje nos estudos ou em família e que ele deve procurar outras formas para resolver.

> Quanto mais um aprendizado pertencer à vida cotidiana das pessoas, mais há possibilidade de sucesso desse aprendizado dentro de uma organização. O ser humano é um só, e é preciso mostrar essa ligação entre todas as coisas e como colocar em prática um aprendizado.

A capacidade de levar para a vida dos colaboradores o que é aprendido nas salas de treinamento não precisa ficar restrita aos treinamentos comportamentais. Desafiar o funcionário a aplicar um ciclo PDCA* na resolução de um problema pessoal ou para o planejamento de um projeto pessoal fortalece o funcionário a conhecer essa ferramenta e aplicar com mais facilidade quando for preciso dentro da organização.

PDCA → Sigla do inglês para: Plan, Do, Check, Act. As quatro etapas se referem:

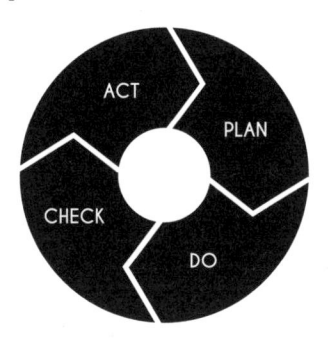

P - Planejar: Identificar o problema, onde e como começa. Planejar a melhoria e criar um plano de ações.

D - Fazer: Chame as pessoas que participam do plano e ações e parta para a execução do plano.

C - Checar: Verifique se tudo foi feito conforme o plano e se o resultado obtido é o esperado.

A - Agir: Se o plano funcionou, padronize para obter novamente o resultado. Se o plano não obteve o resultado esperado, reflita e refaça o PDCA.

34
JEITINHO

É possível observar que a maioria dos povos assume costumes, formas de agir e pensar que são cultivadas ao longo do tempo e passam a ser uma marca daquela nação. No Brasil, um entre tantos costumes que temos é o chamado "jeitinho brasileiro". Jeitinho é encarado algumas vezes como uma atitude criativa do povo brasileiro, quando na maioria das vezes as situações chamadas de jeitinho não envolvem soluções criativas, e sim formas de fazer algo contornando alguma norma ou lei para tirar apenas proveito próprio.

A nação brasileira é criativa, inovadora na busca de soluções, batalhadora e multitarefa. Porém, classificar nossa capacidade criativa como jeitinho brasileiro é menosprezar nossa capacidade de contornar situações adversas, enfrentar as dificuldades e achar uma solução. Dizer que uma capacidade criativa vem de um jeitinho brasileiro também é ignorar que essa capacidade existe em outros povos.

Shakespeare, Michelangelo, Miguel de Cervantes, entre tantos outros grandes nomes, clássicos ou contemporâneos, de artistas, empreendedores ou pessoas comuns, manifestaram criatividade para ver o mundo e propor soluções diferentes para velhos problemas, porém, não outorgam esse feito ao jeitinho brasileiro. Da mesma forma, não precisamos de jeitinho para sermos criativos, desenvolvemos essa capacidade pelo misto cultural, pelas adversidades que enfrentamos, entre outras coisas.

Muitas vezes, classificamos essa habilidade criativa como jeitinho para equilibrar a balança das outras coisas que fazemos e chamamos de jeitinho, que normalmente são nossos desvios de conduta. Então, chamamos nossa habilidade em resolver as coisas por "jeitinho" e nossa falta de compromisso para fazer o certo também por "jeitinho" — é mais fácil classificar tudo por um único nome. Dessa forma, alegamos que as coisas possuem um lado "bom e ruim", e com o jeitinho é assim também. Jogamos para baixo do tapete os desvios de conduta que cometemos e chamamos de jeitinho. Tirar vantagem em tudo não é jeitinho, é egoísmo.

Nossos egoísmos nos afastam de firmar uma ação ético-organizada. Vamos encarar, como povo, que ser criativo é positivo, mas isso não depende de algum jeitinho que cultivamos, depende do esforço diário, e que as habilidades para ser criativo, resolver problemas e encontrar soluções não vêm da mesma fonte que as condutas de furar a fila do ônibus, falsificar atestado médico, querer obter uma vantagem própria em uma negociação com fornecedor, vender produto com defeito, inventar problemas que não existem no produto para cobrar mais no reparo.

Nada disso tem a ver com um "jeitinho brasileiro", usa-se esse nome porque é mais fácil de ser aceito. A falar, soa bonito o diminutivo da palavra, levando na sonoridade o peso da responsabilidade pelo ato. Atitudes assim nada têm a ver com algum jeitinho, seja brasileiro ou de qualquer país do mundo. O nome para isso é caráter malformado. Precisamos primeiro dar o nome correto às coisas, assim deixaremos de nos enganar, e a partir desse ponto ver o que precisa ser mudado e corrigir com atitudes éticas.

PARTE FINAL

POR UM
MUNDO MELHOR

"Justificar tragédias como "vontade divina" tira da gente a responsabilidade por nossas escolhas."

UMBERTO ECO

35
A REGRA
DOS DOIS DEDOS

Se reconhecermos que vivemos uma época de crise ética, que os valores que moldam nossa sociedade foram deturpados e nos arrastam para um buraco de lama moral, um lugar onde germina a trapaça, o egoísmo, a violência, o abandono humano e ecológico e que é urgente agir contra essa ditadura de antivalores sociais praticados no dia a dia, antes que o buraco esteja fundo demais, podemos nos questionar: como encontrar uma ação ética em meio a tudo ao nosso redor? Por onde começar nossa ação? Por que não fazer algo ao invés de não fazer nada?

Quando comecei a escrever este livro, pensei em uma ideia simples e prática para nos recordar de como viver a ética em nossos desafios diários, pois é em nosso cotidiano que podemos agir e por onde devemos começar. A ética está dentro de nós, o que precisamos é levar esse valor ao mundo. Para recordar o que precisamos fazer para agir de forma ética e por que devemos agir assim em vez de permanecer passivos frente às situações, pensei na "Regra dos Dois Dedos".

Quando presenciar ou tomar conhecimento de uma situação antiética e for levantar julgamento sobre outrem, estique o braço e levante seu polegar apontando em sua direção.

Nesse momento, se questione: "Eu já combati em mim essa conduta?" O campo de batalha de um indivíduo é seu próprio eu. Antes de perdermos horas julgando ou debatendo a conduta de outros, devemos primeiramente colocar esse tempo e energia para corrigir nossa própria postura. Corrigir a própria conduta, substituindo as pequenas e grandes corrupções por uma ação ética é mais frutífero e de melhor plantio para um ser humano do que o tempo gasto para discutir em campos onde sua vontade não tem ação imediata. Aja sobre si mesmo, e que o mundo aprenda mais com o seu exemplo do que com suas críticas.

E por que corrigir a própria conduta em vez de seguir como um tronco morto sendo arrastado pela correnteza do rio da vida? Feche os demais dedos da mão e aponte apenas o indicador para frente.

Existe um futuro, e você faz parte da construção dele. Somos seres da história, quer reconheçamos isso ou não. Neste exato momento, colocamos alicerces que serão usados pelas gerações futuras, vivemos em um planeta que emprestamos das gerações futuras e muito do que temos hoje recebemos de herança das gerações anteriores. Agir de forma ética é compreender que existe um futuro, um futuro em que vamos colher nossas próprias ações e um futuro que devemos ajudar a construir. Não podemos construir na areia da corrupção humana ou afundaremos as organizações humanas em um breve futuro. Precisamos construir bases sólidas e fortes para suportar o nascimento das futuras nações. Essas bases fortes são encontradas no terreno da ética. A ética é a construção de si mesmo e, sendo assim, a construção da sociedade. Quando se sentir em dúvida sobre por onde começar e por que fazer, recorde-se da regra dos dois dedos: comece por você e faça pelo futuro do outro.

36

UMA GOTA
NO OCEANO

Em meio a tanta desordem, corrupção, violência e estupidez que observamos no dia a dia, muitos que creem na ética como parte essencial para uma boa convivência humana e na construção de uma sociedade melhor sentem-se desanimados, acreditando erroneamente que as coisas não podem ser mudadas, que o seu rumo caminha sempre para o pior e que os esforços na tentativa de mudar algo são inúteis. Faz-se urgente mudar esse tipo de pensamento para a construção de um mundo onde a ética seja mandatória. Madre Teresa de Calcutá deixou a profunda mensagem: "Eu sei que meu trabalho é apenas uma gota no oceano, mas sem ele o oceano seria menor." Reconhecer que nossas ações são como uma pequena gota evita muita bobagem cometida por nossa tola vaidade, mas deve-se reconhecer também que, sem essa gota, mesmo um oceano se torna menor.

Para remover a sujeira é preciso limpar, e essa limpeza vai acontecer quando gotas de água pura começarem a cair sobre o lodo que infesta os cantos escuros de nossa sociedade. Comprometa-se em ser essa gota. Sua cidade precisa de você, seus amigos e familiares precisam de você, o Brasil precisa de você, o mundo precisa de você. Comece por você e visualize o futuro melhor. Comece em sua área de influência, o importante é fazer, onde está e com o que tem.

Homens e mulheres comuns que assumem o compromisso histórico de lutar por ética e justiça na sociedade são as gotas que o oceano da vida precisa. São as gotas que esse oceano espera que sejamos, são as gotas capazes de impulsionar uma sociedade para o melhor de si mesma. Assim como Martin Luther King e Gandhi fizeram no século XX, mostrando que a não violência é o caminho seguro e correto para atingir as finalidades humanas, precisamos agora mostrar para o século XXI que é a ética o caminho seguro para modelar as relações humanas e criar uma sociedade que possa enfrentar os desafios contemporâneos com a esperança no futuro. Sem ética, qualquer futuro que construiremos não será válido.

BIBLIOGRAFIA

TEORIA DOS SEIS GRAUS DE SEPARAÇÃO. Wikipedia, 2020. Disponível em <https://pt.wikipedia.org/wiki/Teoria_dos_seis_graus_de_separa%C3%A7%-C3%A3o> Acesso em: 15/06/20.

TSAVKKO, Raphael. MALLEUS MALEFICARUM: O BEST-SELLER ASSASSINO. https://aventurasnahistoria.uol.com.br/, 2020. Disponível em: https://aventurasnahistoria.uol.com.br/noticias/reportagem/malleus-maleficarum-o-best-seller-assassino.phtml. Acesso em: 18/06/2020.

REDAÇÃO. ESTES ERAM OS 11 SINAIS DE QUE ALGUÉM ERA UMA BRUXA. https://aventurasnahistoria.uol.com.br/, 2020. Disponível em: https://aventurasnahistoria.uol.com.br/noticias/almanaque/historia-idade-media-11-sinais-de-que-alguem-era-uma-bruxa.phtml. Acesso em: 18/06/2020.

CELESTINO, Carlos. Veja a lista com as dez principais fake news sobre o coronavírus. http://www.mt.gov.br/, 2020. Disponível em: http://www.mt.gov.br/-/14066969-veja-a-lista-com-as-dez-principais-fake-news-sobre-o-coronavirus . Acesso em: 18/06/2020.

HISTÓRIA. Conheça 5 fake news que tiveram consequências trágicas. www.hipercultura.com, 2020. Disponível em: https://www.hipercultura.com/fake-news-consequencias-tragicas/. Acesso em: 18/06/2020.

CAMPOS, Ana Cristina. Bilionários do mundo têm mais riqueza do que 4,6 bilhões de pessoas. agenciabrasil.ebc.com.br, 2020. Disponível em: https://agenciabrasil.ebc.com.br/geral/noticia/2020-01/bilionarios-do-mundo-tem-mais-riqueza-do-que-46-bilhoes-de-pessoas. Acesso em: 20/06/2020.

VENTURA, Manuel. ONU divulga dados mundiais de pobreza sem informações sobre Brasil. https://oglobo.globo.com/, 2020. Disponível em: https://oglobo.globo.com/economia/onu-divulga-dados-mundiais-de-pobreza-sem-informacoes-sobre-brasil-23085580#:~:text=O%20Pnud%20calculou%20que%20cerca,de%20pessoas%20viviam%20na%20pobreza. Acesso em: 20/06/2020.

AMORIM, Daniela e NEDER, Vinicius. Brasil alcança recorde de 13,5 milhões de miseráveis, aponta IBGE. https://economia.uol.com.br, 2020. Disponível em:

https://economia.uol.com.br/noticias/estadao-conteudo/2019/11/06/brasil-alcanca-recorde-de-135-milhoes-de-miseraveis-aponta-ibge.htm#:~:text=Brasil%20alcan%C3%A7a%20recorde%20de%2013%2C5%20milh%C3%B5es%20de%20miser%C3%A1veis%2C%20aponta%20IBGE&text=O%20Brasil%20atingiu%20n%C3%ADvel%20recorde,toda%20a%20popula%C3%A7%C3%A3o%20da%20Bol%C3%ADvia. Acesso em: 20/06/2020.

FOME AUMENTA NO MUNDO E ATINGE 820 MILHÕES DE PESSOAS, DIZ RELATÓRIO DA ONU. https://nacoesunidas.org/, 2020. Disponível em: <https://nacoesunidas.org/fome-aumenta-no-mundo-e-atinge-820-milhoes-de-pessoas-diz-relatorio-da-onu/ >. Acesso em: 22/06/2020.

RIZZO, Erica. Fome no mundo: causa e consequências. www.politize.com.br, 2020. Disponível em: < https://www.politize.com.br/fome-no-mundo-causas-e-consequencias/ >. Acesso em: 22/06/2020.

REDAÇÃO. Enquanto 13 milhões passam fome, cada brasileiro desperdiça 41 quilos de comida por ano. domtotal.com, 2020. Disponível em: <tps://domtotal.com/noticia/1355588/2019/05/enquanto-13-milhoes-pass am-fome-cada-brasileiro-desperdica-41-quilos-de-comida-por-ano/> Acesso em: 22/06/2020.

REDAÇÃO. Senado aprova projeto que facilita doação de alimentos e busca reduzir desperdício. www12.senado.leg.br, 2020. Disponível em: <https://www12.senado.leg.br/noticias/materias/2020/04/14/senado-a prova-projeto-que-facilita-doacao-de-alimentos-e-busca-reduzir-desperdicio>. Acesso em: 22/06/2020.

HOBSBAWN, Eric. A EPIDEMIA DA GUERRA. /www.folha.uol.com.br, 2020. Disponível em: <https://www1.folha.uol.com.br/fsp/mais/fs1404200204.htm#:~:text=O%20s%C3%A9culo%2020%20foi%20o,da%20popula%C3%A7%C3%A3o%20mundial%20em%201913.> Acesso em: 24/06/2020.

CRESCIMENTO POPULACIONAL. Wikipedia, 2020. Disponível em: <https://pt.wikipedia.org/wiki/Crescimento_populacional#:~:text =Segundo%20estimativas%20da%20Organiza%C3%A7%C3%A3o%20das,0%2C33%25% 20ao%20ano>. Acesso em: 25/06/2020.

QUAIS SÃO AS CONSEQUÊNCIAS DA SUPEREXPLORAÇÃO DOS RECURSOS NATURAIS? www.iberdrola.com, 2020. Disponível em: <https://www.iberdrola.com/meio-ambiente/superexploracao-dos-recursos-naturais>. Acesso em: 25/06/2020.

BATISTA, Carolina. PETRÓLEO. www.todamateria.com.br, 2020. Disponível em: <https://www.todamateria.com.br/petroleo/#:~:text=Origem%20do%20petr%C3%B3leo&text=A%20forma%C3%A7%C3%A3o%20do%20petr%C3%B3leo%20oc orre,de%20anos%20para%20se%20constituir> Acesso em: 27/06/2020.

ALVES, Maria Fernanda. MÉDIA SALARIAL DO BRASILEIRO É QUASE TRÊS VEZES MAIOR QUANDO SE TEM ENSINO SUPERIOR. querobolsa.com.br, 2020. Disponível em: <https://querobolsa.com.br/revista/media-salarial-do-brasileiro-e-quase-tres-vezes-maior-quando-se-tem-ensino-superior#:~:text=Segundo%20a%20pesquisa%2C%20que%20tem,de%20R%24%202141%2C00.>. Acesso em: 01/07/2020.

AFINAL, QUAL É A MÉDIA SALARIAL NO BRASIL HOJE? blog.unopar.com.br, 2020. Disponível em: <https://blog.unopar.com.br/media-salarial-brasil/>. Acesso em: 01/07/2020.

NA PRÁTICA, QUAL O SALÁRIO DE UM MÉDICO? blog.pitagoras.com.br, 2020. Disponível em: <https://blog.pitagoras.com.br/salario-de-um-medico/>. Acesso em: 01/07/2020.

MATEUS. www.bibliaonline.com.br, 2020. Disponível em < https://www.bibliaonline.com.br/acf/mt/5?q=mateus+18+21>. Acesso em: 02/07/2020

RELIGIÃO. Origem da palavra religião. www.dicionarioetimologico.com.br, 2020. Disponível em <https://www.dicionarioetimologico.com.br/religiao/>. Acesso em: 03/07/2020.

HIERARQUIA DE NECESSIDADES DE MASLOW. Wikipedia, 2020. Disponível em: <https://pt.wikipedia.org/wiki/Hierarquia_de_necessidades_de_Maslow>. Acesso em: 03/07/2020.

NEGAR A CIÊNCIA DÁ DINHEIRO E ELEGE POLÍTICOS. outraspalavras.net, 2020. Disponível em: <https://outraspalavras.net/outrasmidias/negar-ciencia-da-dinheiro-e-elege-politicos/>. Acesso em 06/07/2020.

ORESKES, Naomi; CONWAY, Erik M. Merchants of Doubt: How a Handful of Scientists Obscured the Truth on Issues from Tobacco Smoke to Global Warming: How a Handful of Scientists... Issues from Tobacco Smoke to Climate Change

MERCADORES DA DÚVIDA. Robert Kenner. Robert Kenner, Dylan Nelson, Taki Oldham, Melissa Robledo. Sony Pictures. 2014.

DINIZ, Thais Carvalho. MOVIMENTO ANTIVACINA: COMO SURGIU E QUAIS CONSEQUÊNCIAS ELE PODE TRAZER? www.uol.com.br, 2020. Disponível em< https://www.uol.com.br/universa/noticias/redacao/2017/12/05/o-que-o-movimento-antivacina-pode-causar.htm>. Acesso em: 06/07/2020.

VARÍOLA. Wikipedia, 2020. Disponível em< https://pt.wikipedia.org/wiki/Var%C3%ADola>. Acesso em: 06/07/2020.

HISTORY OF SMALLPOX. cdc.gov, 2020. Disponível em<https://www.cdc.gov/smallpox/history/history.html>. Acesso em: 06/07/2020.

PLACEBO. Wikipedia, 2020. Disponível em: <https://pt.wikipedia.org/wiki/Placebo>. Acesso em: 08/07/2020.

MORAES, Madson de. COACH QUÂNTICO DIZ MUDAR VIBRAÇÃO DAS PESSOAS, SÓ NÃO CONVENCE CIENTISTAS. tab.uol.com.br, 2020. Disponível em< https://tab.uol.com.br/noticias/redacao/2020/01/07/a-febre-dos--coaches-quanticos-que-prometem-reprogramacao-energetica.htm>. Acesso em: 09/07/2020.

FÍSICA E AFINS. A FARSA DA REPROGRAMAÇÃO (QUÂNTICA) DE DNA • Deepak Chopra • Física e Afins. YouTube, 2020. Disponível em< https://www.youtube.com/watch?v=C5S9TSrjWkQ>. Acesso em: 09/07/2020.

FÍSICA E AFINS. TODA A VERDADE SOBRE AMIT GOSWAMI • Física e Afins. YouTube, 2020. Disponível em<https://www.youtube.com/watch?v=ji-d37aPg0EE>. Acesso em: 09/07/2020.

FÍSICA E AFINS. BARRAS DE ACCESS É CIENTÍFICO? • ALIENÍGENAS E RASPUTIN • Física e Afins. YouTube, 2020. Disponível em<https://www.youtube.com/watch?v=dx_z4HWGKAQ>. Acesso em: 09/07/2020.

FÍSICA E AFINS. THETAHEALING: A FRAUDE DAS CURAS QUÂNTICAS • NASCEU UMA NOVA PERNA? Física e Afins. YouTube, 2020. Disponível em<https://www.youtube.com/watch?v=5oWqwYwEg_Y>. Acesso em: 09/07/2020.

EXCESSO DE AUTOCONFIANÇA FEZ STEVE JOBS ADIAR CIRURGIA PARA RETIRAR CÂNCER, DIZ AMIGO. bbc.com, 2020. Disponível em< https://www.bbc.com/portuguese/noticias/2011/12/111215_jobs_amigo_pu>. Acesso em: 09/07/2020.

RANKING DE TRANSPARÊNCIA EM CONTRATAÇÕES EMERGENCIAIS. transparenciainternacional.org.br, 2020. Disponível em < https://transparenciainternacional.org.br/ranking/?utm_source=Email&utm_medium=Mailing+TIBR&utm_campaign=2a+rodada&utm_content=1st+button>. Acesso em: 10/07/2020.

PORFÍRIO, Francisco. Nepotismo. brasilescola.uol.com.br, 2020. Disponível em: <https://brasilescola.uol.com.br/politica/nepotismo.htm>. Acesso em: 13/07/2020.

ÍNDICE

A

Ação ético-organizada 44–48, 99–100, 147–148
Agricultura 66–70
Antiética 43–47
Antivalores 43–47
    caráter malformado 43–45

B

Base de governo 83–87
Bill Gates 57–61
Bolhas sociais 29–33

C

Cargo público 82–86
Casamento 36–40
Círculo de influência 37–41, 126–128
Convívio ético 135–139
Corruptos e corruptores 77–81
    corrupção sistêmica 86–88
Covid-19 30–34
    afastamento social 126–128
    coronavírus 126–128
Crise ecológica 33–37
Cultura organizacional 142–146

D

Desperdício 60–64
Desperdício de alimentos 60–64
Discurso anticiência 114–118
Distribuição de renda 54–58
Doação de alimentos 60–64

E

Escolhas erradas 33–37
    fanatismo 33–35
Estado natural 95–99
Ética universal 42–46
    ética dentro das organizações 130–134
    ética nas relações 34–38
Etiqueta 136–140
Experiência de vida 36–40

F

Facebook 30–34
Fake Check 31–35
Fake news 28–32
    infração ética 29–32
Fanatismo 99–100
Fazer vista grossa 97–100

Formação acadêmica 92–95
Fraternidade universal 106–110
Funcionário sobrecarregado 140–144

G

Gandhi 27–31
Geração de necessidades 134–138
Gerações futuras 67–71, 85–89
Google 31–35
Governo brasileiro 91–95
Grandes civilizações 66–70
Guerras 62–64
    indústria militar 62–64
    violação ética 63–64

H

Harmonia do sistema 45–49
Hospitais públicos 84–88

I

IBGE 54–58
Ideologia partidária 81–85
Inércia comportamental 58–62
Instagram 31–35
Intercâmbio cultural 116–120
Intolerância religiosa 110–112

J

Jeitinho brasileiro 146–148
Jovens 55–59

K

Kramer 28–32

L

Liberdade 49–52
    liberdade de escolha 49–52
    liberdade e responsabilidade 50–52
    libertinagem 49–51
Lucro 134–139
    lucros gananciosos 135–137
    lucros rápidos 135–138

M

Madre Teresa de Calcutá 59–63
Malleus Maleficarum 28–32
Martin Luther King 152
Materialismo exacerbado 33–37
Moralismo 33–37
    princípios e valores 33–37

N

Nível educacional 90–94

O

Obscurantismo científico 115–119
    anticientificismo 115–117
Obsolescência programada 134–138
Onda ambientalista 134–138
Ordem política 82–86
Organização das Nações Unidas (ONU) 58–62
Organizações humanas 151–152
Oxfam 54–58

P

PDCA 145
Pensamentos corruptos 79–83
Preocupação ambiental 134–138
Preocupações humanitárias 61–64
Preservação ambiental 66–70
Preservação do meio ambiente 69–72
Princípios éticos 40–44
Processo de escolha 46–50

plano do agir 46–48
plano emocional 46–48
plano mental 46–48
Pseudociência 118–122
    física quântica do desenvolvimento pessoal 120–122
        apelo à autoridade 121–123

Q

Qualidade de vida 139–143
    saúde do funcionário 140–144

R

Recursos Humanos engajado 139–143
Redes sociais 25–29, 29–33
Regra dos dois dedos 150–152
Relacionamentos humanos 34–38
    confiança nas relações 35–37
Religião 106–110
Renda Básica Universal 56–60

S

Segurança no trabalho 140–144
Sistema democrático 83–87
Sócios e acionistas 135–139
Subordinados 36–40
Superpopulação 33–37

T

Tendência comportamental 25–29
Teoria das necessidades 106–110
    Maslow 106–108
    necessidade social 106–108

Ter um filho 39–43
Transparência na comunicação 139–143
Tratamento com os fornecedores 133–137

U

União entre pessoas 105–109
Universidades 91–95

V

Valor da honra 34–38
Viciados em trabalho 140–144
Violência 63–64
Vivência ética 106–110
Viver de modo ético 42–46

W

Warren Buffett 57–61

Y

YouTubers e blogueiros 115–120

Z

Zapata 24–28

Este livro foi impresso nas oficinas gráficas da Editora Vozes Ltda.,
Rua Frei Luís, 100 – Petrópolis, RJ.